工程师职业伦理

主　编　王志新
副主编　宋超女

ZHEJIANG UNIVERSITY PRESS
浙江大学出版社
·杭州·

图书在版编目(CIP)数据

工程师职业伦理 / 王志新主编. — 杭州 : 浙江大
学出版社,2024.2
ISBN 978-7-308-24683-5

Ⅰ. ①工… Ⅱ. ①王… Ⅲ. ①职业伦理学－研究
Ⅳ. ①B822.9

中国国家版本馆 CIP 数据核字(2024)第 023133 号

工程师职业伦理
GONGCHENGSHI ZHIYE LUNLI

主　编　王志新　　副主编　宋超女

责任编辑　吴昌雷
责任校对　王　波
封面设计　林智广告
出版发行　浙江大学出版社
　　　　　(杭州市天目山路 148 号　邮政编码 310007)
　　　　　(网址:http://www.zjupress.com)
排　　版　杭州晨特广告有限公司
印　　刷　嘉兴华源印刷厂
开　　本　787mm×1092mm　1/16
印　　张　9.25
字　　数　214 千
版 印 次　2024 年 2 月第 1 版　2024 年 2 月第 1 次印刷
书　　号　ISBN 978-7-308-24683-5
定　　价　38.00 元

前　言

职业伦理是职业活动中的伦理关系及其调节原则。职业活动是社会分工体系中的重要组成部分，从业者行为要受到职业道德、行业标准、法律法规等的约束和规范，保证职业行为的合法性和公正性。自 2001 年中共中央印发《公民道德建设实施纲要》到党的二十大报告，党和政府都一以贯之地强调要以社会公德、职业道德、家庭美德、个人品德为着力点，加强公民道德教育，提升从业人员的个人素养和修养，提高专业能力和职业地位。

进入新时代以来，以习近平同志为核心的党中央，把建设创新型国家和科技强国作为国家发展的战略支撑，持续深入实施创新驱动发展、"中国制造 2025"等一系列国家战略，科技创新事业不断向前发展，重大工程建设举世瞩目。科技的快速发展深刻影响着人类的生活，也面临着工程伦理方面的挑战。2014 年 6 月 3 日，习近平主席出席国际工程科技大会时指出，"工程造福人类，科技创造未来"①。要求广大科技工作者要继承和发扬老一辈科学家胸怀祖国、服务人民的优秀品质，心怀"国之大者"，为国分忧、为国解难、为国尽责。2017 年 2 月以来，教育部积极推进新工科建设，先后形成了"复旦共识""天大行动"和"北京指南"，旨在培养造就一大批多样化、创新型卓越工程科技人才。2019 年 5 月，党中央专门出台《关于进一步弘扬科学家精神加强作风和学风建设的意见》，要求大力弘扬"胸怀祖国、服务人民的爱国精神，勇攀高峰、敢为人先的创新精神，追求真理、严谨治学的求实精神，淡泊名利、潜心研究的奉献精神，集智攻关、团结协作的协同精神，甘为人梯、奖掖后学的育人精神"。

习近平总书记在党的二十大报告中指出，"全面提高人才自主培养质量，着力造就拔尖创新人才，聚天下英才而用之"②。中国式现代化离不开创新驱动发展的支撑，离不开科技自立自强和高素质人才队伍。通过工程师职业伦理教育，提高工程从业人员运用伦理学知识对工程伦理问题综合分析的能力，培养他们正确的劳动态度和敬业精神，是新工科人才培养体系中不可缺少的重要一环。目前工程师职业伦理的课程逐渐成为工科专业学生的必修课，加快形成一批精品教材等教学资源的工作也提上了议事日程。

本教材旨在为工程师的伦理教育提供全面而深入的指导。教材涵盖了工程师职业伦理的基本概念、原则规范和伦理责任等伦理知识，同时关注工程腐败问题、工程质量问题、工程的经济效益和社会效益的关系问题、工程可持续发展在实际工作中的伦理挑战。我

---

① 习近平.论科技自立自强[M].北京:中央文献出版社,2023.

② 习近平.高举中国特色社会主义伟大旗帜 为全面建设社会主义现代化国家而团结奋斗——在中国共产党第二十次全国代表大会上的报告[M].北京:人民出版社,2022.

们通过案例分析、案例讨论和实际问题的引入，帮助学生思考工程实践中的伦理困境和挑战，并引导他们寻求解决工程伦理问题的方式方法。随着全球化的加深和社会多元化的增长，我们还特别关注了全球化和社会多样性对工程师职业伦理的影响。我们强调工程师必须具备跨文化沟通和尊重不同文化的能力，同时在面对伦理决策时能够考虑到不同社会和文化的价值观。希望通过本教材的学习，工程从业人员能够增强伦理意识，提高伦理决策的能力，并在职业发展中遵守道德规范和职业准则。

2010年，宁波工程学院获批教育部"卓越工程师教育培养计划"，次年在化工、计科、电信、成型、土木工程等试点专业开设了"工程伦理"通识课程。2018年，我们在多年的教学实践基础上编写并由经济科学出版社出版了《工程伦理教程》。本教材是在《工程伦理教程》基础上的修订版，第一章为"工程师职业伦理概述"，重点介绍工程师职业伦理的概念内涵、发展历史与发展阶段，由王志新撰写。第二章"工程师职业伦理原则"，由宋超女撰写。第三章"工程师职业伦理规范"，由邱叶、王志新撰写。第四章"工程师职业伦理责任"，由王志新撰写。第五章"风险与工程师安全伦理"，由王志新撰写。第六章"生态文明与工程师环境伦理"由王志新撰写。第七章"工程师职业伦理建设与跨文化实践"由邹泉康、王志新撰写。教材最后由王志新、宋超女进行统稿，对文字进行润色，补充了相应章节的工程伦理实践案例。

本教材的出版得到了"宁波工程学院学术出版经费"的资助，以及中国高等教育学会工程教育专业委员会、浙江大学出版社、宁波工程学院教务处、宁波工程学院马克思主义学院等单位的大力支持和热情帮助，在此致以诚挚的谢意。

本教材参考了国内外专家学者的著作和文献，在正文中未能一一列举，以参考文献附后，在此表示衷心的感谢。由于作者水平有限，本书的不足之处和错误在所难免，恳请读者惠正。

编者

目录
Contents

第一章　工程师职业伦理概述

职业活动是社会分工体系中的重要方面,从业人员的行为要受到职业伦理的约束和规范,保证职业行为的合法性和公正性。工程师的职业伦理是工程师在工作中应该遵循职业道德、行业标准、法律法规等行为准则和行为规范,是工程伦理学的基本组成部分。工程师职业伦理是社会道德的一般要求在工程职业领域中的具体体现,涵盖了从业人员与服务对象、雇主、管理人员、工人、社会公众等之间的社会关系,表明了工程师对社会所负的道德责任和义务。

第一节　工程师职业伦理发展历程

人类工程活动是人类社会生存和发展所必不可少的,如资源与能源的开发、工农业生产、城镇建设、交通建设等各项活动。工程作为人类有目的、有组织改造物质自然界的实践活动的总和,直接对人类社会的政治、经济、文化、军事、社会生活等方面产生重要影响。工程师既是工程技术的实现者,又是社会变革、社会建设的中坚力量,不但要求有过硬的技术知识,也应具备良好的政治素质、心理素质和高尚的职业道德。

一、工程与工程师职业伦理

(一)工程活动的历史演进

恩格斯揭示了人类的起源,即劳动创造了人。劳动就是使用工具和制造工具的造物活动。如果把使用工具和制造工具的造物活动看作为一种工程活动,也可以说工程活动"创造了人"。劳动和以工具的使用与制造为特征的工程活动是人猿揖别的标志。考古发现的最早的工具化石被检测距今已有 200 万～250 万年,我们可以这样认为:工程是与人类在 250 万年前同时诞生的。自那时起,工程技术随着人类文明的演进而不断发展,其发展历程大致可以分为以下几个阶段。

1.原始社会的工程

原始工程时期从人类可以制造石器工具时算起,到原始社会解体。技术和人类自身一样的古老,人类缺乏专门化的器官和本能,只能运用各种技艺(techne),去改造自然的生存条件,摆脱自然力和命运的束缚。当我们走进人类历史博物馆,橱窗里展示给我们那些远古人制造和使用过的石器工具,就是人类最早的技术活动证明。这一时期的工程活动主要有:

一是简易的基础设施建设。人类开始建造简单的采集设施,如狩猎营地、简易遮蔽物等,以方便采集和储存食物。随着生产的提高和文化的进步,新石器时代的建筑技术经历了逐步发展的过程,积累了一些营造经验。约50万年前,中国原始人就已经知道利用天然洞穴作为栖身之所,用来遮风挡雨和躲避野兽追击。这些原始建筑主要有两种形式:一种是穴居形式,它是从旧石器时代的竖穴发展起来的,这种形式的建筑主要分布于我国北方;另一种是干栏式建筑,即底层架空的房子,它是由巢居发展而来的,主要分布于我国南方(见图1-1)。

图 1-1　古代河姆渡民居复原图

二是原始工具制作。旧石器时代,利用石头制作工具是普遍的工程活动。人类主要使用天然材料来制作工具,如石头、骨头等,进行磨、砍、削、打等手工操作。有一些制造过程的"工序"也是相当复杂的,例如中国广西百色发现的80万年前的打制石器手斧,需要50多道制作工序才能完成。随着时间的推移,人类逐渐掌握了更加高级的制作技术,工具形态和用途也得到了不断的进步和改进。石器时代的工具制作是人类历史上的重要进步之一,它为人类的生产和生活提供了工具支持,为之后的文明发展打下了基础。

三是陶器的出现。随着农业、畜牧业、经济和定居生活的发展,人类有了更多的生产生活资料,开始储存食物和水,这些都促使陶器的兴起。原始先民在长期的实践中认识到黏土掺水后可以塑形,成形的黏土经火烧后可以变硬,黏土器物不易透水,还可以用来储存农作物。陶器的出现被视作进入新石器时期的标志之一,中国古代陶瓷是我国手工业文明的重要代表,是中华灿烂文明的重要组成部分,在世界文明中占据重要地位。

四是原始农业的兴起。距今10000年左右,农耕经济开始出现。我国是世界上最早培植粟和水稻的国家之一,北方黄河流域以旱地的粟麦生产为主,南方长江流域则是以水田稻生产为主。远古先民在采集生活中逐渐学会栽培农作物,在狩猎生活中学会了饲养动物,经过长期努力,最终实现了从采集到农耕、从渔猎到畜养的伟大变革,充分体现了古代先民的智慧。

2.奴隶社会和封建社会时期的工程

奴隶社会和封建社会时期,人类工程活动得到了很大的发展。主要有以下几个方面:

一是建筑工程。城市、宫殿和教堂等建筑的营建开始兴起。例如,古埃及的金字塔、巴比伦的空中花园、古罗马的竞技场、诺特丹姆大教堂、中国的故宫等。这些建筑物的规模和工程难度都非常大,需要大量的人力和物力投入,装饰和艺术价值都非常高,反映了当时社会的文化和技术水平。

二是水利工程。奴隶社会时期,水利工程的建设得到了大力发展。例如,古印度的河道、古罗马的引水渠、中国战国时期的都江堰(见图1-2)等。这些水利工程和其他农业设施的大力发展,提高了农业生产力,促进了粮食生产,从而增加国家的财富和实力。

图 1-2 有着 2200 多年历史的都江堰水利工程

三是城市规划。人们开始修建道路、桥梁和城墙,以便于交通和军事防御。城市规划得到了很大的发展,城市的道路、房屋、市场等建设不断完善。例如,欧洲的巴黎、伦敦、威尼斯等城市,中国的南京、杭州、北京等城市,都有着独特的城市规划和建筑风格。道路和桥梁的建设,方便了人们的出行和物资交流,同时也提高了城市的军事防御能力。

四是工程技术的进步。这一时期,人类工程技术也得到了很大的进步,出现了许多重要的发明和创新,如机械时钟、印刷术、火药等。这些发明和创新,不仅改变了人们的生活方式,也促进了工程技术的不断发展和进步。

3.工业革命以后的工程

18世纪中期以来以蒸汽机的改良为主要标志的技术革命,使西欧资本主义生产关系的发展到达了一个新的转折点,即进入了资本主义生产方式确立的时期,也是近代工程诞生的标志。蒸汽机的发明和广泛使用在工程发展史上具有划时代的意义,它陆续导致机械工程、采矿工程、纺织工程和冶金工程的长足进步。

电力革命也成为工程史上的又一里程碑,通常认为"电气化时代"的开端也就是现代工程的肇始。20世纪初,工程领域以冶金工程为代表的"重工业"得到了进一步的发展,使铁路、大坝、军事、机器制造等全面出现。20世纪中期以来,衍生出了以高科技为支撑的核工程、航天工程、生物工程、微电子工程、软件工程、新材料工程等现代工程。近现代工程特点主要表现为：

一是大规模生产。随着科技的不断进步,各种机械化和自动化的工程设备得到了广泛应用,从而提高了生产效率和质量。工厂化生产、流水线作业(见图1-3)等可以大量生产各种商品,从而大大降低了生产成本,提高了经济效益,使生产规模不断扩大。

图1-3　大型汽车装配流水线生产车间

二是高科技化。现代工程活动依赖高科技设备和技术,例如计算机辅助设计、数字化控制、人工智能等,这些技术使得工程活动更加精确和高效。随着人工智能技术的不断发展,越来越多的企业开始在工程建议中应用人工智能技术,通过数据分析可以更好地了解产品和服务的需求,提高生产效率和产品质量。

三是注重环境友好。工业革命以后,工程对自然和人类社会的影响日益加深,在满足和刺激人类需求的能力上表现出无穷的力量,同时人们也开始意识到环境污染和生态破坏的严重性,因此开始采取各种措施来减少对环境的影响。20世纪70年代,出现了许多环境保护组织和运动,例如绿色和平组织、世界自然基金会等。在这一背景下,环境保护逐渐成为工程活动的一个重要考量因素,如绿色建筑、废气治理、垃圾处理等。

四是工程国际化趋势明显。随着经济全球化的不断推进,工程活动在全球范围内的合作和竞争越来越普遍。随着市场竞争的加剧,工程企业需要在全球范围内寻找商机,积极参与国际工程项目竞争。工程标准的国际化也日益普及,越来越多的工程人才在全球范围内流动和交流。工程国际化趋势已经成为不可逆转的趋势,这要求工程企业提高工程技术和管理水平,不断提高国际竞争力。

(二)工程的概念

"工程"一词在汉语中有多种解释,在对工程起源和发展的分析中,我们可以得到一些关于"工程"的大致概念或概念要素。

第一种是应用说。这种观点对工程概念的理解强调现代工程与自然科学的关系:利用自然科学原理进行各种工农业生产活动。如《辞海》对工程是这样定义的:将自然科学的原理应用到工农业生产中去而形成的各学科的总称。这样就形成了"工程学",如土木建筑工程、水利工程、冶金工程、机电工程、化学工程、海洋工程、生物工程等。这些学科是应用数学、物理学、化学、生物学等基础科学的原理，结合在科学实验和生产实践中所积累的技术经验而发展出来的，主要内容有：对于工程勘测、设计、施工，材料的选择，设备和产品的设计制造，工艺和施工方法的研究等。

第二种是用技术来定义工程。《简明不列颠百科全书》对工程的解释为："应用科学知识使自然资源最佳地为人类服务的一种专门技术。"[①]美国工程师职业发展理事会对工程的定义为："将科学原理创造性地应用于设计或开发结构、机器、装置、制造工艺和单独或组合地使用它们的工厂；在充分了解上述要素的设计后，建造或运行它们；预测它们在特定运行条件下的行为；确保实现预定的功能、经济地运行以及生命和财产的安全。"[②]

第三种是把工程看作一种创造人造物的活动。工程活动是有计划、有组织地创造人工产品或技术服务的社会实践过程或结果。迈克尔·戴维斯在《像工程师那样思考》认为，工程是一项如何使人和物更好合作的实践性研究，像艺术一样具有创造性、像法律一样具有政治性、像艺术和法律那样，不再只是对科学的应用。

综上所述，工程是一种实践性活动，研究如何利用各种科学方法使得人和物及环境以更健康、更安全、更高效的方式相结合，从而赋能个人，促进社会的福祉。工程对个人的赋能可以归为两个层面：一方面，工程产品成为个人生活的组成内容，构成其所需的"内在支撑结构"；另一方面，工程活动渐渐开始将人类的躯体与心智作为设计和操作的对象，以此来实现人类的"增强"。工程创造社会财富，改善社会结构关系，提高人类的生活质量，工程在促进人类健康、幸福和社会繁荣过程中发挥着极其重要的作用。

(三)工程师职业

职业是指参与社会分工，用专业的技能和知识创造物质财富和精神财富，获取合理报酬，丰富社会物质和精神生活的社会活动。所谓"职业"，是指一个人"公开声称"成为某一特定类型的人，并且承担某一特殊的社会角色。这种社会角色伴随着严格的道德要求。因此，从社会角度看，职业是劳动者在社会中所扮演的角色，劳动者为社会承担一定的义务和责任，并获得相应的报酬。

> **辨析：工程师与科学家**
>
> 人们往往容易混淆工程师(engineer)和科学家(scientist)这两个概念。科学家努力探索大自然，以便发现一般性法则(general principles)，工程师则在具体实践中遵照这些既定法则，解决一些技术问题。科学家研究事物，工程师创建事物，"科学家问为什么，工程师问为什么不能?"(Scientists ask why, Engineers ask why not?)。科学家探索世界以发现普遍法则，工程师则运用普遍法则来设计实际物品。

①　中国大百科全书出版社《简明不列颠百科全书》编辑部.简明不列颠百科全书[M].北京:中国大百科全书出版社,1985.

②　胡成广.论工程文化的本质[J].黑龙江高教研究,2012(4):29-35.

工程师指从事工程技术工作的专业人员，具有工程系统操作、设计、管理、评估能力，是工程活动的重要参与者之一。《简明不列颠百科全书》指出，工程师的主要职能可概括为：

（1）研究和发展。研究工程师应用数学和科学概念、实验技术和归纳推理来探求新的工作原理和方法；而发展工程师则把研究成果应用于实际。

（2）施工和生产。施工和生产工程师应在考虑人和经济因素的情况下，制定整个生产流程，规划生产设备或生产线的布局，负责准备场地、组织人员和利用设备，决定既经济又安全的、达到质量要求的工作步骤。

（3）操作。操作工程师负责生产现场设备的日常操作及设备维护，以及动力供应、运输和通信，保证生产现场设备的良好状态。

（4）管理和其他职能。在一些国家和工业部门，工程师还要基本掌握现代生产管理和技术管理的方法，熟悉本专业国内外现状和发展趋势，取得有实用价值的技术成果和经济效益。

在现代社会中，职业已经成为一个重要的社会文化现象，不仅需要从业人员不断提高自己的职业素养和专业水平，更要遵守相应的职业道德规范，保持良好的职业操守，以提高职业声誉和信誉。工程师应当满足下面两个一般的标准：一是在教育、工作表现或工程创造性等能力、业绩方面达到一定的水准，拥有专业学位或相应的工作经验，这样就使工程师区别于技工、技师或者技术员；二是在职业道德方面对工程师也有一定要求。一个工程师如果违背了工程职业最起码的道德标准，就失去了继续做工程师的资格。

（四）工程师职业伦理

在理解工程师职业伦理前，我们首先要了解什么是伦理。"伦理"的"伦"即人伦，是指人与人之间的关系；"理"即道理、规则。所以，伦理就是人们处理人与人、人与社会相互关系所遵循的行为规范。

> **辨析：伦理与道德**
>
> "伦理"更具社会性，有更加客观、外在、社会性的意味；而"道德"更注重个人，更倾向于主观、内在、个体性意味。道德是伦理的载体和形式，伦理则构成了道德的基础和前提；作为价值本身，伦理的核心是正当（即适当、合适、合宜等），道德的核心是善（或好、美德、德性等）；作为规范，伦理具有普遍性，道德具有独特性；作为评价尺度，伦理的尺度是对与错，道德的尺度则是善与恶。

职业伦理是指特定职业者基于职业需要和职业逻辑而应当遵循的行为准则，包括职业道德、职业操守、职业责任等方面的内容。职业伦理是职业行为的标准和规范，是职业活动中处理人际关系以及人与自然、社会关系的准则。职业伦理的建设过程，就是要明确每个行业及其从业者的"名"与"分"的统一，从而规范职业行为，维护职业形象，建立和谐的职业关系。

在工程领域中,工程师职业伦理是指工程师在工作中应遵循的行为规范和道德准则。工程师有责任确保他们的行为符合公众利益,保护公众安全、健康和环境,遵守职业道德和相应的法律法规。工程师职业伦理是工程学科的重要组成部分,旨在确保工程师在设计和建造工程时考虑到道德、社会和环境等因素,为人类创造更加美好的未来。

工程职业伦理意识是指工程师对其从事该行业所应遵守的道德的认识,包括对工程职业的观点、态度、价值取向以及工程活动整体的道德认识。工程职业伦理规则是工程从业者应该遵守的行业道德要求、行为准则和规范,它外在于工程师的行业整体规范。工程职业道德行为是工程师的执业行为,既包括正面行为,也包括负面行为。工程师职业伦理的主要关注点是促进工程师负责任的职业行为。

二、国外工程师职业伦理的历史探索

在国外,工程(Engineering)最早在18世纪的欧洲出现,意为应用科学知识使自然资源最佳地为人类服务的一种专门技术。Engineering一词起源于拉丁文 ingenium,意指古罗马军团使用的撞城锤。中世纪称操这种武器的人为 ingeniators,后来这个词逐渐演变为 Engineer(工程师),意指建筑城堡和制造武器的人。伴随中世纪的工匠在近代的进程中发生的职能和职业的分化,第一个工程师的职业组织法国工程军团(the French military cops du genie)于1672年成立①。

(一)早期工程师的职业伦理

从文艺复兴到18世纪末以前的工程主要是为军事活动提供服务,具有明显的军事特征。军事工程的蓬勃发展,使得工程师的社会地位日益突显出来,工程作为一个重要概念范畴也在中世纪首次登场。伴随军事工程的发展,工程活动开始趋于职业化。历史上第一所授予工程学位的学校是成立于1794年法国巴黎的综合工艺学校,这所学校隶属法国国防部门,培养军事工程人才。成立于1802年的西点军校是美国第一个授予工程学位的学校。

这一时期,工程师掌握的知识和技能有限,与自然界保持着一种融洽的关系,工程师在运用技术进行工程活动的过程中对人及周围环境的影响也非常有限。对工程师的职业道德要求不强调对工程的后果承担责任,只要遵循自然规律,认真把工程干好②。工程的基本军事特征以及工程师所隶属的组织和培养工程师的学校的军事属性,决定了工程师不管技术力量有多强,都远不如他所属军队的组织力量。和军队里的其他成员一样,他最主要的责任是服从命令。所以,工程师伦理责任的重要体现就是对组织、对国家的忠诚和服从③。

①　李伯聪.关于工程师的几个问题[J].自然辩证法通讯,2006(2):46.
②　卡尔·米切姆.技术哲学概论[M].殷登祥,译.天津:天津科学技术出版社,1999.
③　何放勋.工程师伦理责任教育研究[M].北京:中国社会科学出版社,2010.

(二)19 世纪初至 20 世纪中叶的工程师职业伦理

第一次工业革命后,机器生产逐步替代手工生产,工程师成为拥有科学知识、专门技术和工程知识的人,形成了新的固定职业和阶层。在英国工业革命期间,工程师开始从事城市道路、桥梁、江河渠道、灯塔码头、排水系统的建造,被称为"民用工程师"或"土木工程师"。随着纺织机械技术的革新和蒸汽机的发明和改进,化工、染料、冶金、采煤、造船和机械制造等产业部门得到了快速发展,同时出现了机械工程师、建筑工程师、化工工程师、地质工程师、印染工程师等专业技术人员。

第二次工业革命是以电力技术为基础兴起的一系列产业。电报、电话、无线电、发电机、电动机和内燃机等技术的广泛应用,催生了电信公司、发电厂、交通运输公司、汽车厂、炼油厂、钢铁厂、电机厂等规模庞大的新兴产业。掌握专业技术的工程师和技术工人数量急剧增加,在企业中扮演着重要的角色。

大量新兴工业部门产生使得工程被看作推动社会进步的工具。对工程师的职业道德要求不仅包括忠诚和服从雇主,还要求具备专业知识,了解相关的科学知识和技术规范,提供切实可行的解决方案。同时,实现工程的效用最大化,追求经济利益最大化或效用最优化等经济管理能力成为衡量工程师行为的重要准则。

(三)20 世纪中期以后的工程师职业伦理

二战结束后,军事工程发展迅速,开始在民用领域得到应用,同时也将自然科学的最新成果应用于工程领域。这导致了许多现代新兴工程的出现,如核能工程、电子计算机工程、生物工程、信息工程等。现代工程对人类的经济社会生活产生了越来越大的影响,因此工程师需要转变思维,不再单纯追求经济效率,还要对社会和自然负责。

1947 年,美国工程师专业委员会(ECPD)起草了第一个跨越各个工程学科领域的工程伦理准则。这个准则要求工程师关注公共福利,利用自己的知识和技能促进人类福祉,并将公众的安全、健康和福利置于至高无上的地位。许多国家的专业工程师协会,如美国土木工程师协会(ASCE)、日本电气工程师学会、德国工程师协会等,也将"公众的安全、健康和福利放在首要位置"写入工程伦理纲领中。

由于发达国家工业化带来的自然资源消耗和浪费,全球面临资源短缺、自然景观消失、环境污染、生态失衡等严重问题。工程技术对环境的这种"双刃剑"作用,使得工程师需要承担起严峻的环境伦理责任,要求他们利用和创造各种方法,最大限度地减少资源浪费,降低污染,保护生态环境,确保人类可持续发展。

三、中国工程师职业伦理的发展历程

在中国,"工程"一词最早出现在欧阳修的《新唐书·魏知左传》(1060 年)中:"会造金仙,玉真观,虽盛夏,工程严促"。此处"工程"指金仙、玉真这两个土木构筑项目的施工进度,着重过程。洋务运动时期,英国人傅兰雅译述了几本题名为"工程"的书,其中有代表性的是《工程致富论略》(1897),论述了铁路、电报、桥梁、自来水等民用工程,他用"工程"

对应外来的 engineering,赋予汉字"工程"新鲜含义。工程师由 engineer 一词翻译而来,我国古代并没有这一专门词语。1912 年,中华工程师会创立,"工程师"明确成为特定社会角色的正式称谓。我国工程师职业伦理是特定历史背景下的产物,并在新的国家体制和特定的国际形势下发展起来的,具有独特性,如家国情怀浓郁、突出政治导向、强调集体主义等。[①] 中国工程师职业伦理发展经历了三个时期。

(一)孕育与创建时期

1912—1931 年,是中国工程职业规范逐渐形成的时期。1912 年,广东中华工程师会、中华工会和路工同人共济会三个工程师学术团体决定合并成立一个统一的工程师会,并于 1913 年在汉口命名为"中华工程师会",1915 年改名为"中华工程师学会"。《中华工程师会简章》明确了它的宗旨是"发展工程事业,为社会的幸福做出贡献",强调了工程师对雇主、同行和职业的责任。虽然当时还没有正式的伦理规范,但工程师们已经认识到自己在工程事业中的重要角色。

1931 年,中国工程师学会首次明确提出了工程伦理准则的文本形式。1931 年其与中国工程学会合并后,受到专业背景和美国伦理规范的影响,中国工程师学会于 1933 年首次制定了《中国工程师信守规条》。该规条包含六条准则:(1)不得放弃或不忠于职务;(2)不得接受不正当的报酬;(3)不得对同行进行不公平的竞争;(4)不得损害同行的声誉或业务;(5)不得使用卑劣手段争夺业务或职位;(6)不得进行虚假宣传或其他有损职业尊严的行为。这六条准则明确规定了工程师对雇主或客户、同行以及职业所承担的责任,是我国第一个正式的工程伦理规范。

随着日本对中国的全面侵略,中华民族面临前所未有的国家存亡威胁,中国工程师决心承担起救亡图存的重任。1941 年,中国工程师学会将《中国工程师信守规条》更名为《中国工程师信条》。该信条将中国工程师的职责和使命上升到国家利益的高度,包括国防、经济和民生等方面。中国工程伦理规范主要强调工程师的职业操守,特别强调对雇主和国家的责任,倡导实业救国。在新中国成立之前的战乱时期,中国工程师学会制定的《中国工程师信条》成为引领学术风向的重要标杆。

(二)重建与停滞时期

在计划经济时期,工程师职业伦理凸显出政治导向,工程师需要保持爱国主义和集体主义精神,对企业、社会和国家负责。这个阶段的工程师职业伦理发展的停滞,主要表现在对工程师职业伦理的理解和实践上过于强调政治因素,忽视了工程师对公众利益和生态环境的责任。工程师伦理意识只是零星地出现在部分学会或科技工程部门的章程和宗旨中,并且观念淡薄。各协会的工作也普遍停滞,工程伦理规范的历史进程也陷入停滞阶段。

---

① 廖莉,陈万球.中国工程伦理规范的历史进路[J].长沙理工大学学报(社会科学版),2020(2):33-40.

(三)恢复与发展时期

自 1978 年中国开始实施改革开放政策以后,工程师职业伦理建设进入了恢复与发展阶段。在这个时期,随着经济的快速发展,工程实践活动日益增多,伦理问题逐渐凸显。工程师们逐渐从过去的政治导向转向关注公众利益和生态环境,开始更加重视社会责任,关注工程活动对人类和自然环境的影响。在改革开放后,我国工程师开始接触和学习国际先进的职业伦理理念和实践,制定和完善工程师职业伦理规范。为了提高工程师的职业伦理水平,我国高校开始加强工程伦理教育,将伦理课程纳入工程教育体系。改革开放以来,我国工程师职业伦理建设取得了显著的进展。

第二节　工程师职业伦理的内涵、特点与本质

工程作为一种人类的创造活动,工程师需要明确了解自己的工作会带来的社会、经济和道德后果,并采取主动行动使之产生积极影响。因此,有必要深入分析工程师职业伦理的核心价值、行为规范和内涵特征,以便明确工程师应达到的职业伦理道德水平。

一、工程师职业伦理的内涵

职业伦理的内容与职业实践活动紧密相连,反映着特定职业活动对从业人员行为的道德要求。道德调节各种社会关系,主要包括个体与集体的关系、个体与他人的关系、个体与社会的关系等,每一种职业伦理规范都有本行业从业人员的职业行为规范,在特定的职业活动中内发挥作用。工程师职业伦理调整职业集体内部劳动者之间的关系、从业人员与服务对象之间的各种相互关系,也包括人与物之间以及人与环境之间的关系。

(一)工程师与雇主(投资人)的关系

在现代经济和社会制度下,大多数工程师是被公司或企业雇佣的雇员。雇主在工程项目中承担责任,并全面负责项目的策划、融资、施工、经营、债务和资产保值增值。为了实现投资目标,雇主需要依靠工程师的创新技术和专业能力。因此,工程师在工作中需要考虑雇主的利益,以满足他们的需求和期望。同时,雇主也需要理解工程师承担的社会责任,以做出明智的投资决策。作为工程项目的具体实施者,工程师需要处理好与雇主的关系,这是工程师道德要求的主要内容。因此,工程师必须忠诚于雇主,真诚为雇主提供服务,并与雇主建立互信互利的关系。真诚服务要求工程师发挥自己的才能和智慧,为雇主提供最佳服务,实现工作目标。互信互利要求工程师与雇主之间建立相互信任的关系,共同创造工程项目的成功。

（二）工程师与同行的关系

工程师通常以团队为单位进行工程活动。在各个行业中，合作伙伴和竞争对手共同存在。对于同行，工程师应该如何履行伦理责任？是使用卑劣手段贬低和打击对方，以谋取经济利益、业绩评比和职位晋升，还是公平、公正、客观、平等地对待同行？

同心协力、团结合作是当代科学技术高度社会化和高度综合性发展趋势的客观要求，也是社会主义集体主义道德原则在科技职业活动中的具体体现。因此，工程师必须具备团队协作精神，遵循专长分工、注重协调合作、提高作业效率的原则，发挥团队精神以达到团队工作效率的最大化。

工程师应该尊重同行的经验和专业能力，分享他们的成就和荣誉，而不是通过嫉妒他人或诋毁别人来实现自身的成功。同时，工程师还应承先启后，坚持自我激励和互相鼓励，传承技术经验，培养后进人才。工程师需要相互合作，确保各个专业之间的工作协调，以实现项目的顺利进行和最终成功。

（三）工程师与工人的关系

工程师是具备操作、设计、管理和评估能力的工程系统专业人员。工人是被雇佣从事体力或技术劳动的人，是技术操作者。工程师与工人之间存在一种职业上的指导与被指导关系。在工程项目的实施过程中，工程师负责制定设计图纸、技术规范和施工计划，而工人则根据工程师的指导进行实际施工和操作。工程师通常需要监督工人的工作，确保他们按照规范和标准进行操作，并对他们的工作进行评估和指导。工程师和工人之间需要进行有效的沟通和协作，以确保工程顺利进行。在面临问题和挑战时，工程师和工人需要共同合作解决问题，以促进工程的顺利实施。在指导工人施工的过程中，工程师应勇于承担责任，关心和保护工人，合理分配任务，充分发挥工人的智慧，激发他们的积极性。

（四）工程师与管理者的关系

根据企业组织层级的规定，管理者和工程师之间通常存在上下级的关系。工程师负责设计和建造工程设施，提供设计图纸、技术规范和施工计划等文件和技术方面的支持；管理者负责决策、规划和控制，根据这些文件协调各方面的资源，监督项目实施，确保工程项目的顺利进行。一般来说，管理者关注商业的营利性、市场可行性、时机和投资能力，强调个人特质是忠诚、进取心、创新能力和努力工作等。工程师既对自己的专业有责任，也对雇主有义务。大多数工程师希望成为忠诚的雇员，关心公司的经济福利，执行上级的指示。但与此同时，工程师也应关注工程的价值，强调专业知识的重要性，包括技术可行性、安全导向、功能和运行状况、技术方案的完整性。他们还有义务将公众的健康、安全和福祉放在首位。

（五）工程师与社会的关系

工程活动的结果具有难以预测和高风险的特点，而这些结果对社会公众、子孙后代和生态环境产生直接影响。作为专业人士，工程师掌握着专业科学知识，相比其他人能更准确、全面地预见工程活动的潜在应用前景。因此，工程师有责任预测和评估工程活动的积极和消极影响,并向相关民众进行解释和说明。

工程建造和制造活动直接关系到人民的生命和财产安全。社会公众是工程活动最直接、最重要、最全面的利益相关者。社会公众有权了解工程活动的相关信息,应确保建立健全有效的信息公开和监督机制,使社会公众能够获取工程信息、参与工程活动并提出合理意见。

二、工程师职业伦理的特点

在西方国家,各种职业伦理学已经相当成熟,例如医学伦理学、法律伦理学等。这些职业伦理学的发展历史悠久,基础坚实,并取得了丰硕的研究成果。与其他职业领域相比,工程师的职业道德中许多内容,例如对雇主的忠诚、诚信以及对公众的职业道德责任,也是存在于其他职业活动领域中的,而不仅仅是工程师所独有的价值观、义务和伦理原则。

然而,工程师在工程活动中所涉及的伦理问题与医生、律师等职业有明显的不同,具有其独特的专业特性。具体表现在以下几个方面:

(一)工程师职业活动对自然的影响大

工程师的职业活动对自然环境影响巨大。相比于医疗和法律服务工作,它们一般只会影响到个别人或有限数量的人的利益。然而,工程产品已经构成了我们生活中的"第二自然",一旦发生技术事故,其后果将会非常严重。例如,核电站的核泄漏、化工厂的毒气泄漏、航天飞机的爆炸、桥梁的坍塌、大楼的倒塌以及油轮的原油泄漏等工程灾难都证实了这一点。另外,工程不仅仅影响到当前人们的切身利益,还会影响到生态环境的状态,对子孙后代的生存和发展产生影响。因此,可以看出,工程师肩负着关系人类福祉、种族延续甚至地球未来的重大责任,这种责任远远超过了医生和律师的责任。

(二)工程师职业伦理的敏感性低

工程师的职责是提供机器、建筑、仪器、产品等实物的服务,其与最终用户之间的关系具有中间性、双重性和过渡性。中间性表现为工程师通常作为技术专家参与项目中,为客户或公司提供技术方案和解决方案,与使用产品或服务的用户缺少直接面对面交流。双重性体现在工程产品既可以用于善良的目的,也可以被用于恶劣的目的。工程产品设计和开发完成并投入使用后,其使用方式和目的由使用者来决定。过渡性则表现为工程活动包括多个环节,每个环节需要不同的工程师参与,如果各环节的工程师之间不能进行有效的协调与沟通,可能损害产品使用者的利益。这些特点可能导致工程师的责任感淡漠、伦理敏感性较低。

(三)工程伦理规范的滞后性

工程伦理规范的滞后性是指无法事先制定完备的工程伦理规则。随着科学技术的加速度发展,这种滞后性变得越来越明显。

首先,工程产品对人或自然产生的负面影响有滞后性。技术一旦产生,除了具有人们所期望的结果外,还会产生超出人们期望之外的副作用。例如,1930 年,米基利发明的氟利昂作为一种常见制冷剂,广泛应用于制冷、发泡、溶剂、喷雾剂等行业。然而,直到半个世纪以后,因知道臭氧层破坏和气候变化异常与氟利昂的排放有关,才开始限制和禁止氟利昂的生产和使用。

其次,工程伦理规范的多样性和复杂性也导致了滞后性。现代科技的多样性和复杂性使人们无法准确预见未来可能出现的所有工程伦理问题。不同的新兴科技可能涉及不同的伦理问题,而工程伦理规范通常是相对通用的,难以为不同的新兴科技提供具体的指导。

最后,工程伦理规范的更新速度慢。随着高新技术的迅猛发展和新兴科技的涌现,涉及全新领域和应用场景的伦理问题常常无法在现有的规范中得到具体的指导和解决方案。对于一些涉及工程伦理问题的新兴科技,缺乏可供参照的伦理规则,社会各界可能存在不同的观点和价值观念,需要工程师创造性地提出解决方案。

（四）工程师对职业伦理责任的淡漠

工程师作为雇员的身份常常导致工程事故的责任追究困难,他们也更倾向于通过执行命令来推卸责任。相比之下,医生和律师作为个人进行专业活动,拥有更独立的专业判断空间。工程师通常作为公司或组织的雇员,他们的职责是完成公司或组织交给的任务,并不负责大众利益。在某些工程项目中,工程师可能需要在技术和成本之间取得平衡,以满足公司或组织的需求,但如果没有充分考虑到大众利益和安全,可能会出现安全隐患。工程师的雇员身份可能导致他们忽视对大众负有的道德责任。

总结起来,工程实践中的伦理问题与医学、法律服务等其他职业的伦理问题有明显的不同,这决定了工程职业伦理无法被其他职业的伦理所取代。

三、工程师职业伦理的本质

所谓"本质",即指一种事物的根本性质。职业伦理的本质被视为职业活动对于职业行为的客观要求,是调节职业活动利益矛盾的特殊手段,同时也是社会经济关系决定的特殊社会意识形态。[①]因此工程师职业伦理作为一种特殊的社会意识形态,是用来协调工程职业活动过程中出现的利益矛盾和人际关系,反映工程劳动关系的一种社会意识形态。工程师职业伦理的本质体现在价值标准、价值认同、主体实践三个方面。

（一）价值标准:行业伦理规范和职业操守

现代社会工程建设已广泛应用于社会生活的各个方面,并成为日常生活不可或缺的一部分。大量的工程项目包括设计、研发和建设都需要具备高水平专业技术的工程师。工程师是一种特殊的职业,除了需要具备高水平的专业技术,社会还对工程师提出了具体的行业伦理规范和职业操守要求。

---

① 　柳建营.职业道德教程[M].北京:警官教育出版社,1997.

工程直接关系到国家的发展和全体公民的利益,因此工程师的职业伦理要求提高工程决策的科学性,确保工程项目能够达到最佳的经济效益和社会效益;技术革新和科学设计能够有效维护和保障公众利益;安全施工和有效监理能够确保工程质量,消除事故隐患;工程师在为雇主和公众提供专业服务的同时,要承担社会责任和环境责任。这些社会的要求和期望转化为工程行业的伦理规范和职业操守,形成了工程师职业伦理的价值标准。

最早的伦理规范是美国土木工程师协会(American Society of Civil Engineers,ASCE)于1914年采用的,并且经历了多次修改。从1914年版本关注工程师与客户之间以及工程师之间的相互关系,到1963年修改后增加了工程师对一般公众所负责任的论述。维西林和岗恩认为,在工程职业中采用伦理规范的根本动机是:(1)出于提高公众形象的目的,界定理想的行为;(2)出于管理自己成员的目的,建立行为规范;(3)鼓励在出现价值争议的决策过程中,从公众利益出发。[①]

(二)价值认同:工程师自身的责任意识和道德良心

工程师的价值认同体现在他们对责任意识和道德良心的坚守。工程师的工作涉及设计、开发和维护各种技术产品和系统,这些产品和系统直接关系到人们的生活、工作和安全。因此,工程师有责任确保他们的工作结果安全可靠、符合规范和标准。工程师要热爱自己的职业,才能努力学习、追求卓越,提升自己的技术水平。他们需要具备积极进取、开拓创新的精神,不断超越自我,与时俱进,引领技术革新,提高生产效率。工程师提供专业意见、处理人际关系、协调利益冲突时,要考虑到他人的权益和利益,并在工作中遵守职业道德和行业规范。这些都需要工程师具备较高的道德素养。工程师只有对行业规范达成认同或共识,自觉接受并服从,才能将这些价值标准内化为自己的道德品质。健康的价值认同能促使工程师培养良好的职业道德品质,为社会创造价值,并为人类的进步和发展做出贡献。

(三)主体实践:工程师的道德行为选择

工程师的道德行为选择是外在职业规范和内在道德修养的体现。只有做出正确的行为选择,工程师才能充分发挥积极有效的社会作用。在实践中,工程师的道德行为选择包括以下几个方面:(1)诚实守信,不夸大产品或系统的功能和性能,不隐瞒重要信息,确保向用户提供真实可靠的产品和服务;(2)尊重用户的隐私权,确保用户的个人信息不被滥用、泄露或非法获取;(3)尊重知识产权,不侵犯他人的专利、版权和商业秘密;(4)意识到自己的工作对社会的影响,积极履行社会责任;(5)关注环境保护、可持续发展和社会公益事业,努力为社会创造更多的价值;(6)持续学习和提升自己的技术能力,提高专业素养和创新能力。总之,工程师的道德行为选择应该基于诚实守信、保护用户隐私、尊重知识产

① P. Aarne Vesilind,Alastair S. Gunn. 工程、伦理与环境[M]. 吴晓东,翁端,译. 北京:清华大学出版社,2003.

权、履行社会责任、遵守法律法规和提升技术水平等原则，以确保自身行为的合法性和合规性。

第三节　新工科背景下的工程师职业伦理教育

随着世界范围内的新工业革命与我国新型工业化发展，新工科教育成为我国高校工程教育发展的新方向。近年来，转基因技术和胚胎技术、P-Xylene 项目、人工智能、信息工程、生物工程等新工程技术层出不穷，在带来积极的社会和经济效益的同时，其负面效应也日渐显现，从而产生越来越多的伦理争议。面对新工科背景下工程的伦理问题，加快工程规章制度和相关法律制度的建设，加强对工程活动的监督管理，对在校工科学生开展面向未来的工程师职业道德教育，提高工程技术人员的职业伦理意识，培养未来高素质卓越工程人才的必要性和紧迫性也显著提升。

一、新工科的概念及其特征

2017 年以来，教育部积极推进新工科建设，先后形成了"复旦共识"、"天大行动"和"北京指南"，并发布了《关于开展新工科研究与实践的通知》《关于推荐新工科研究与实践项目的通知》等文件。"新工科"是在以互联网产业化、工业智能化、工业一体化为代表的科技革命、产业变革、新经济以及新起点等大背景下，为主动应对新一轮科技革命与产业变革，支撑服务创新驱动发展等一系列国家战略而提出来的新概念。

从字面意思来看，"新"意指新型、新兴、新生，是新一轮工程教育改革与创新；"工科"指工程学科，即工程技术学科和工程教育体系。"新工科"的概念是相对于原有工科或者传统工科的概念提出来的，可以定义为"为适应新经济发展要求而已经形成或者即将形成的新型、新兴、新生的工科相关专业或研究方向，培养未来多元化、创新型卓越工程人才的工科新形态"。这意味着传统工科专业的理念、内容、标准、方法技术都要注入新的要素，是一种"以立德树人为引领，以应对变化、塑造未来为建设理念，以继承与创新、交叉与融合、协调与共享为主要途径，培养未来多元化、创新型卓越工程人才[①]"的工科新形态。

（一）继承和创新

新工科应对创新型国家的"新时代"挑战，应运于互联网革命、新技术发展、制造业升级，立足创新，引领未来，更为强调人才的创新意识、创新能力的培养。新工科建设不是对简单传统工科的增添删除，而是创新引领产业发展。新工科在建设目标、建设理念、建设

---

① 钟登华. 新工科建设的内涵与行动[J]. 高等工程教育研究，2017(3)：1-6.

计划等方面,进行创新性的变革,以适应专业领域的发展。

(二)交叉与融合

新工科包括以互联网为核心,以新型信息、能源、控制等领域为主干的人工智能、智能制造、机器人、云计算等新专业,也包括对传统工科专业的升级改造,形成面向未来的新机器和新工程体系。新工科要解决复杂工程问题,这些问题涉及相互冲突的多种因素,需要协调各方的资源、利益,综合运用多学科交叉与融合。工程实践的开展目的是为人类社会发展服务的,在实践的过程中难免遇到各种各样的问题。新工科的建设离不开其他学科领域的支持,其需要与自然科学、人文科学、社会科学等学科交叉融合。

(三)协调与共享

作为支撑国家发展战略的新型工程教育形态的新工科,一方面是为协调思想行为的"设计"与实践行为的"建造"两个体现工程本质环节的关系,另一方面也是解决中国经济高质量发展需要与现代化建设涌现的问题之间的冲突。新工科建设强调推进政校合作、产学融合、校企合作、科教结合、国际合作等协同育人体制机制改革,强调建立信息融通、资源共享、合作共赢的校企协同机制,形成行业、产业与学校之间共同创新、系统育人的生态环境。

(四)实践与引领

新工科建设成效需要在实际的工程实践活动中检验。新工科建设的方略具有实践性,不但要引领传统工科向前迈进,还需要在现有学科形态上有所突破,为培养未来社会和工科产业发展的引领性人才。新工科所培养和造就的工程活动的设计者、实施者抑或是工程活动的管理者、评估者,都具有明确的责任意识和价值观,能够在工程活动的各个环节实施合理的行为,为社会提供优质的产品和服务。

二、新工科工程人才的核心素养

相对于传统的工科人才,未来新兴产业和新经济需要的是工程实践能力强、创新能力强、具备国际竞争力的高素质复合型"新工科"人才。按照《华盛顿协议》的要求,西方国家早就将工程伦理教育纳入工程教育中,并成为科学与工程的核心竞争力。"新工科"建设三部曲之一的"北京指南"指出,要掌握产业发展新需求,强化工科学生的家国情怀、国际视野、法治意识、生态意识和工程伦理意识等,提升学生工程创新能力和终身学习发展能力。之后在《关于加快建设发展新工科实施卓越工程师教育培养计划 2.0 的意见》这一纲领性文件中,进一步明确强化工科学生的工程伦理意识要求。结合新工科建设的主要目标和我国的现实需求,我们将面向新世纪的新工科人才的核心素养确立为文化学习、自主发展和社会参与三个方面的维度,具体划分为专业知识、基础知识、跨学科素养、终身学习能力、创新能力、实践能力、家国情怀、职业道德、国际视野等九个基本点[①]。

---

① 王柳婷."新工科"本科生核心素养及其培育研究[D].石家庄:河北科技大学,2020.

(一)"文化学习"维度

"文化学习"维度的指标包含学生必备的知识结构,主要包含专业知识、基础知识、跨学科素养三个二级指标。专业知识是指学生具有解决工程问题所需要的理论基础,熟悉工程技术的运作流程,了解专业领域的最新动态和发展趋势。基础知识要求学生不仅要掌握与工程活动相关的数学和自然科学知识,还要求学生具备广泛的人文与社会科学知识。未来工程具有复杂性和综合性,学生只有拓宽基础知识的广度,构建宽厚的知识体系,提升自身的认知高度,才能适应社会的发展变化。跨学科素养是指能够将不同学科、专业领域的知识和方法进行交叉融合来分析和解决问题的能力。其中,基础知识、专业知识是跨学科素养获得的必要条件,它们共同为学生胜任未来的工程工作、应对复杂的工程问题和动态适应环境变化奠定了良好的基础,是学生必须具备的文化素养。

(二)"自主发展"维度

"自主发展"维度的指标包含终身学习能力、创新能力和实践能力三个方面,是工程师应对新业态发展的关键能力。终身学习能力是指学生具有终身学习的意识和习惯,具备不断更新和完善自我知识结构的学习能力。"新工科"本科生处在快速发展的信息时代,知识生产和更新的速度持续加快,工程领域的空间不断拓宽,单纯依靠在学校学到的知识已经无法适应迅速变化的外部环境。创新能力是"新工科"本科生获得竞争优势的关键能力,主要包括创新意识、创新思维、创新技能。学生在创新意识的驱动下,通过创新思维活动提出具有独创性的想法和思路,通过创新技能的应用创造出新事物的能力。实践能力是指"新工科"本科生所具备的分析实际工程问题,开发、设计解决方案,调试、维护工程运行的能力,是学生从事职业岗位至关重要的本领。

(三)"社会参与"维度

"社会参与"维度的指标包含"新工科"本科生在处理自身与社会、国家以及国际关系时应具有的能力意识和情感态度,主要有职业道德、家国情怀和国际视野三个方面。

职业道德是"新工科"工程人才进入职场应该具备的道德规范和职业操守。未来的工程活动更加多元化和综合化,因此对于工程活动进行价值判断的难度也在不断加大。家国情怀强调"新工科"工程人才无论从事何种工程工作都要心怀祖国,服务于祖国的发展需要。积极践行社会主义核心价值观,勇于担当、积极作为都是对国家具有高度认同感、归属感和使命感的重要体现。国际视野是对"新工科"工程人才国际胸怀、视野和格局的要求。在经济全球化背景下,随着跨国工程项目的增多,国际交流与合作成为工程项目的主要特征。学生只有具备全球化思维和意识,保持开放的心态,了解工程领域的国际发展趋势,才能在从事工程活动时放眼世界,开展广泛的国际交流与合作。

三、工程师职业伦理的培养路径

工程师的职业伦理教育深刻影响着"新工科"立德树人的根本方向,决定着新时代工程教育改革的性质与成败。高校工科学生学习工程师职业道德,需要结合理论学习和实践经验,发挥课堂教学的主渠道作用,与大学生的社会实践和专业实习相结合,通过系统理论学习、工程伦理案例教学、参与社会实践与学术交流、自我反思等多种方法来培养职业道德意识和素养。

(一)贯彻"立德树人"的教育理念

西方发达国家在经历了经济高速发展带来的许多负面效应后,特别注重各类工程活动对人类社会的整体影响,日益重视工程活动中的伦理道德,提出从业者必须受到相关的教育。20世纪90年代后期,在工程教育中加强工程伦理教育,提高工程科技人员的社会责任,逐渐成为社会各界的共识。我国工程伦理教育起步较晚,学科基础比较薄弱,总体规模和效果并不算理想,不少学生对工程伦理教育的重要性认识不足,主要表现有三:一是把工程职业伦理定位为一般性的道德要求,没有从关乎人类安全、健康和福祉的高度去认识;二是目前工程师职业道德教育普遍存在的问题是对工程实践的忽视,基本上还是局限在课堂教学,训导有余而实践不足;三是工程职业道德边缘化,只是作为一门单独的通识选修课程,没有融入工程教育课程体系之中。

"新工科"建设旨在培养德才兼备的高素质工程技术人才。我们必须立足现代工程的特征,以习近平新时代中国特色社会主义思想为指导,充分体现总书记"培养担当民族复兴大任的时代新人"的要求,贯彻"立德树人"的教育理念,推动"思政课程"与"课程思政"同向同行。努力突破各种显性或隐性的隔离和壁垒,在跨学科伦理思考中形成宏观视野,在优秀传统文化的吸收转化中创新思维方式,在本土现实问题的分析解决中提升践行能力,逐渐成长为德才兼备的卓越工程人才。

(二)系统学习工程伦理理论知识

工科院校可以在课程设置中加入工程伦理教育的内容,通过专门的课程或模块,向学生介绍工程师职业道德的基本原则、规范和价值观。学习工程伦理理论知识可以从以下几个方面入手:一是伦理学的基本概念和原则。了解伦理学的基本概念和主要流派,如伦理学的定义、伦理学的研究对象、伦理决策的基本原则等。学习伦理学的基本概念可以为理解工程伦理奠定基础。二是工程伦理的基本概念和原则。学习工程伦理的基本概念和原则,如工程伦理的定义、工程伦理的独特性、工程伦理的价值观等。了解工程伦理的特点和基本原则有助于理解在工程实践中可能涉及的伦理问题。三是工程伦理标准和规范。学习工程伦理的标准和规范,如工程伦理准则、工程伦理规范、职业道德规范等。了解工程伦理的标准和规范可以帮助工程师在实践中遵循伦理要求,保证工程实践的质量和可持续性。四是伦理决策模型。常见的伦理决策模型包括决疑法、划界法、创造性的中间方式等,学习伦理决策模型可以帮助理解工程伦理决策的过程,学习工程伦理的决策方法,提高工程伦理决策能力。

(三)实现工程伦理案例的教育学转换

工程伦理案例教学是一种常用的教学方法,通过具体的工程伦理案例为基本教学材料,将学生引入工程伦理教育实践的情境中,通过师生、生生之间的多向互动、平等对话和积极研讨等形式,激发学生的思考和创新能力,培养学生在实践中做出正确的伦理决策的能力。在工程伦理案例教学各环节中,学生主动参与的意识不足,也不认真倾听同学的发言,案例书面报告的撰写敷衍塞责,被动应付痕迹明显。为保证工程伦理案例教学效果,对工程伦理案例的教学设计与学习架构,将案例教学与学生个体的学习和成长需求紧密地结合在一起,实现工程伦理案例的教育学转换。

一是学生参与工程伦理案例库建设。相对于国外的工程伦理案例教育已经具备丰富的教学内容、针对性的教学办法,我国工程伦理教育起步较晚,来自本土的案例比较少。课堂教学中常用到的工程伦理案例,如斑马车油箱事件、挑战者号爆炸、切尔诺贝利核事故等大多来自国外,与我国的社会背景、文化、法律法规等有很大差异。鼓励学生参与原创性工程伦理案例的编写和案例库建设工作,及时关注反映工程或行业领域发生的代表性事件,保证工程伦理案例的鲜活性和时效性。

二是参与伦理情景剧演出。"情景剧"是以文字剧本为依托,并通过学生演员的肢体动作、语言艺术与动作转化为角色情景演绎的过程。所谓情景剧教学法,是指在工程伦理的教学过程中为了达到教学目的,从教学需要出发,对工程伦理案例中某个具体工程实践场景进行挖掘,通过艺术的形式创设产生伦理冲突与抉择两难的工程伦理情境,唤起学生在未来工程职业生活中的道德意识。推进情景剧教学法,需要采取精准案例、撰写剧本、分配角色、正式表演、总结评价等科学的实施路径。学生参与工程伦理案例情景剧设计和展现,有利于挖掘工程伦理案例素材的内在价值,培养学生在具体工程实践场景中的道德思维,促进学生将工程伦理原则及规范内化为工程实践准则。

三是制作工程伦理案例短视频。根据工程伦理案例内容的不同,学生可以创作不同类型和主题的工程伦理案例短视频:模仿类短视频,主要是对中外经典工程伦理案例的翻拍、再现;生活类短视频,主要是记录学生生活周边的工程项目,展现现代工程的社会背景、多维价值;编辑类短视频,利用网络上的视频资料、新闻报道,对大型工程建设项目、较大的工程安全事故进行剪辑和配音加工。学生制作的工程伦理案例短视频,通过 QQ、微信、微信朋友圈、短视频 App 与微博等新媒体平台发布传播,增强学生学习工程伦理的获得感、自信心和提高学习满意度。

(四)与大学生社会实践和专业实习相结合

工科大学生学习工程师职业道德,可以阅读相关的教材、学术论文和专业期刊,需要通过教育培养、实践训练、角色模仿、课外活动和案例分析等多种途径来实现。在学习工程伦理理论知识时,参加相关的课程和讲座,参与讨论和研讨会,与导师和同行交流等。一是工科学生要参与各种课外活动和社团组织。如学术研究团队、工程项目组、志愿者服务等活动,接触更多的实际问题和挑战,锻炼解决问题和决策的能力。二是大学生可以参与社会实践或实习项目,亲身体验工程实际工作中的道德问题和挑战,了解工程师职业道德的重要性,培养职业素养和责任感。三是大学生可以参加学术研讨会、行业论坛等活动,与其他工程师进行交流和分享,了解行业内部的职业道德标准和实践,进一步加深对工程师职业道德的理解和认识。

复习思考题

1.工程师职业伦理的概念和内涵是什么？

2.什么是工程师职业伦理的本质？

3.新工科的特征有哪些？

4.新工科建设对工程人才的职业伦理素质培养带来了哪些机遇和挑战？

5.新工科背景下工程师职业道德建设路径分析。

案例分析题

【案例一】

当事人：工地主任——老王（土木工程师）

案情：老王是某建筑公司的工地主任，负责一段新建道路工程的施工，他有多年工作经验，对于日常工程事务皆相当了解与熟练，能很好地掌握工地的情况以及施工进度，是一位相当优秀的工程人员。工作之余，老王喜欢喝两杯以及摸两把小牌来纾解平日的工作压力。于是经常找下包商一起去喝酒、打牌，顺便可以联络感情及讨论工地事务。虽然刚开始他并没有要占下包商便宜的念头，但是每次喝酒打牌下包商总是主动付账及放水，来讨好老王。经过几次之后，老王渐渐习以为常，乐此不疲。虽然这对下包商是一种额外负担，但是只要工程计价、请款能够顺利，他们倒也乐意配合。案例中的做法是否合宜？作为未来的土木工程师怎样认识这个问题？

【案例二】

当事人：A建筑公司工地监工——小林；A建筑公司工地主任——老李

案情：小林在建筑工地每天掌握工程承包商的人、机、料投放情况，以及工程进度控制等。工程经过一年多的施工，即将顺利完工。此时小林在整理资料时，发现工程报表中工地实际用料跟报表上面的数量有误差。因为这些差额，公司已经额外支付120万元给下包商。工地材料的数量计算与核对工作一直由工地主任老李及小林负责，所以在发现误差的第一时间，小林就立刻向老李汇报。老李听后示意小林隐瞒事实，否则两人都将受到公司处罚，甚至被解雇。此事一直未被公司发现，工地因为施工进度掌控得当，即将完工，公司可能会发一笔可观的完工奖金来犒赏工地员工。老李承诺到时将增加小林的分配比重。由于陈报事实可能将使自己失业，小林对于是否隐瞒，陷入苦思纠结。案例中小林该如何处理与同事老李的关系？

第二章　工程师职业伦理原则

伦理基本原则是用于调整个人与他人、个人与集体以及个人与社会整体之间利益关系的根本指导原则，是伦理规范体系的核心。工程师职业伦理原则是工程师在工程职业活动中应遵循的最基本的行为准则，是对工程师职业行为和品质的根本要求，也是工程师职业道德的集中反映。在社会生产实践体系中，工程师需要遵循以下几个原则：以人为本原则，使工程能够真正造福人类；公平正义原则，兼顾多方面的利益诉求而不偏倚；关爱自然原则，合理利用自然资源，实现工程与自然和谐相处；可持续发展原则，以确保人类的永续发展。

第一节　工程造福人类原则

对幸福生活的追求是推动人类文明进步最持久的力量。享有更优美的生产生活环境、更舒适的居住条件、更安全营养的食品、更便利的交通设施、更高水平的医疗卫生服务等，是人类的共同梦想。人类工程活动都是围绕人类对幸福生活的追求而展开的，工程以人为本、造福人类是工程活动应遵循的首要原则。

一、工程师肩负造福人类的使命

改革开放四十多年来，中国一跃成为世界第二大经济体。随着经济的快速发展和科技的不断进步，无数工程在大江南北拔地而起，中国成为工程大国。习近平同志指出，工程造福人类，科技创造未来。[①] 工程造福人类是指工程人员的行为与工程职业活动，以社会公众与人类社会利益为本，以公共安全健康福祉为上，为人类社会带来积极的影响和福祉。

以人为本的工程造福人类观念属于职业理想范畴，对于工程师树立正确职业价值观具有主导作用。二战后，美国社会经历了多次思想运动，主要包括环境保护运动、对核武器使用的反思以及黑人争取民主权利运动等。这些运动促使包括工程师在内的人们开始

---

① 习近平.让工程科技造福人类、创造未来——在 2014 年国际工程科技大会上的主旨演讲[N].
人民日报,2014-06-04.

系统反思工程技术带来的社会影响和环境后果。职业发展工程师协会（Engineers Council for Professional Development，ECPD）作为美国专业协会的组织机构，分别于1963年、1974年和1977年对伦理规范进行了修改。这一规范最终修订版中七个"基本规范"第一条规定："工程师在履行他们的职业义务过程中，应该把公众的安全、健康、福祉放到至高无上的地位。"①这一原则反映了工程师对于工程职业的道德原则和道德理想认识的改变，以及对于技术态度的反思。这一观念源于工程职业活动的社会性与以人为本和可持续发展理念，其核心点在于引导工程师在工程实践中正确认识和处理自己所在的工程职业群体与社会公众的关系。

二、工程造福人类的内涵

工程造福人类的基本内涵，是工程旨在满足人们的生存发展需要，使人们的生活变得更加美好。造福人类作为工程建设的基本目标，是工程师职业道德的基本原则，同时也体现了工程伦理的根本宗旨。

（一）以人为本的一般规定

工程造福人类的本质要求就是"以人为本"，所以考察工程造福人类的一般规定，实质上就是考察以人为本的一般规定。人本思想提倡人的尊严，确认人是最高的价值和社会发展的最终目的；重视人的现世幸福，确认满足和发展人所具有的实在的尘世需要和才能；相信人的可教化性和发展能力，要求实现个性的自由和全面发展；追求人类的完善，要求建立人与人之间互相尊重的真正的人的关系。

1948年12月10日，联合国大会通过了第217号决议，即《世界人权宣言》，这是一份旨在维护人类基本权利的文献。宣言开宗明义指出："人人生而自由，在尊严和权利上一律平等"，全世界各地区所有人都享有各种基本权利和自由。《世界人权宣言》规定，人的尊严和平等的权利是固有的；人们有反抗暴政的权利；人权是人民和国家共同实现的标准。1997年和2001年中国分别签署了《经济、社会及文化权利国际公约》和《公民权利和政治权利国际公约》。2004年3月第十届全国人大二次会议通过的《中华人民共和国宪法修正案》，将"国家尊重和保障人权"写进了宪法。这些重要文献所昭示的人道主义基本理念为我国的工程实践提供了核心的价值依据。

1. 人是工程活动的目的

人的活动与动物本能活动的根本区别在于，人的活动具有自觉的目的。而促使人们从事各种工程活动的根本动因，就是人们的需要。人的任何工程活动，归根到底都是为了满足人的各种需求，促进人的全面发展。

马克思指出，"全部人类历史的第一个前提无疑是有生命的个人存在。这些个人就是'现实的个人'""人有许多需要""他们的需要就是他们的本性"。人类的工程活动，其存在

---

① 张恒力，王昊，许沐轩. 美国工程伦理规范的历史进路[J]. 自然辩证法通讯，2018（1）：82-88.

和发展要以人为本,要满足人的物质文化需要,满足人的根本利益需求,即以人类的福祉为工程活动的价值取向。这就是说,一切工程活动归根结底都是为了人,为了所有的人。为什么要这样呢?因为在人类社会中每一个人都享有人的基本权利,即人权,以人为本就是人权的实现,这也是最基本的人道主义,是工程活动中以人为本原则的根本体现。

2.工程的社会性

工程活动从根本上属于社会性质的生产。工程作为一种职业,是社会分工的结果,在社会上具有举足轻重的地位与作用,因而具有先天的社会性。

认识工程的社会性,需要把握两个方面:一是工程活动的目的在于满足人的需求,因为社会公众由若干有具体需求的人组成;二是工程活动的直接对象是自然资源,那么工程行为主体需要尊重自然、珍爱自然、顺应自然、保护自然,遵循生态规律,这样才能保证人类社会的可持续发展。

工程活动在 20 世纪取得了重大成就,如电气化工程、汽车、飞机、水供应、电子、收音机与电视、农业机械化、计算机、空气冷冻技术与电冰箱、高速公路、宇宙飞船、网络、成像技术、家用电器、健康技术、石油与石油化学技术、激光与纤维光学技术、核技术与高性能材料等二十大工程,极大提升了我们的生活品质。但是,今天的工程生产,表面上看取得了预期的成效,但是从长远影响来看,这种成效又在很大程度上被负面效应如气候异常、环境污染、资源枯竭等所抵消。

安全、健康与福祉,是社会公众的基本需求;尊重自然、珍爱自然、顺应自然、保护自然,是确保社会公众基本需求永续得到满足的重要前提,这两方面的主题构成了有关工程造福人类的行为指引。

3.尊重公众的各项权利

社会公众是工程产品的使用者,也是工程产品负面效应的承受者。工程的开展必须尊重公众的各项权利,即生命权、健康权、安全权、知情同意权等。

工程活动首先必须要把尊重人的生命价值放在首位,尊重人的生命价值意味着将保护人的生命放在一切价值的首位,维护作为生命主体的人的生存与发展的权利。健康权即自然人享有保持生理机能正常和健康状况不受侵犯的权利,是个人生存和进行正常生产生活的前提条件。安全权是公民享有人身、财产、精神不受侵犯、威胁、胁迫、欺诈、勒索的权利。

社会公众的一般特征主要在于无辜性、不知情,无辜性指对于工程带来的结果具有无助性;不知情指工程产品的使用者对于工程决策、工程设计、工程施工等工程行为及其影响不了解,所以应确保社会公众的知情同意权。知情同意是指某人对某事知情,即知道将要发生的事件的准确信息并了解其后果。工程实践中应尊重人的自主性和知情同意权。

(二)为社会做好的工程

古往今来,人类创造了无数令人惊叹的工程科技成果。中国的造纸术、火药、印刷术、指南针等重大技术创造和都江堰、京杭大运河等重大工程,是中国古老文明形成的关键因素和重要标志,对中国社会和经济发展产生了重要影响,不少发明甚至造福了全人类。近代以来,工程科技更直接地把科学发现同产业发展联系在一起,成为经济社会发展的主要驱动力。18 世纪,蒸汽机的发明引发了第一次产业革命,使人类进入了机械化时代。19世纪末至 20 世纪上半叶,电机和化工引发了第二次产业革命,使人类进入了电气化、原子能、航空航天时代,极大提高了社会生产力和人类生活水平。20 世纪下半叶,信息技术引发了第三次产业革命,使社会生产和消费从工业化向自动化、智能化转变,社会生产力再次大提高,劳动生产率再次大飞跃。从个人生活层面的居住环境、交通工具、疾病诊疗,到社会宏观上水利工程、探月工程、信息技术工程等,工程实践的目标始终是带给人们好的生活,实现人们对幸福的追求。

工程师的义务不仅是保证工程质量,维护雇主利益,即做"雇主的忠实代理人或受托人",也包括维护工程对社会、自然、资源、环境和生态的影响所引起的工程的正当性与合理性问题,以及协调雇主的利益与公众和社会利益的冲突问题等。"好的工程质量"并不等于"好的工程"[①],有些"好的质量"的工程可能危害了工程项目所在地周围的民众,破坏了自然资源和生态环境,根本就不是造福人类的工程项目。任何工程活动都必然蕴涵着一定的伦理目标、伦理关系和伦理问题,世界上不可能存在"与伦理无关"的工程[②]。工程师必须时刻关注工程的"伦理维度",确保工程符合伦理原则或伦理规范,不做危害社会的"不道德"的工程。那么,什么是"好的工程"呢? 好的工程至少应该具备以下几个特点:

首先,好的工程应该保证安全,不会对公众造成危害或隐患。这包括施工过程中的安全问题和建成后的使用安全问题。工程的安全性是对"好的工程"最基本的要求,任何工程都必须满足这一条件。

其次,好的工程应该具备完善的功能,能够满足公众的使用需求。工程的功能性需要与设计、施工等环节紧密相连,必须保证工程设施的质量和性能,符合设计要求,满足公众的需要。

再次,好的工程应该具备较高的经济性和美观性。不仅在建设阶段能够控制成本,而且在建成后也能够节省运行维护费用。"好的工程"不仅与周围环境相协调,而且也能够给公众带来美的感受。

最后,好的工程应该具有较长的使用寿命,能够抵御自然和时间的侵蚀,保持较好的状态。工程的耐久性决定了公众能够长期、稳定地使用工程设施,也减少了频繁更新的成本和对环境资源的浪费。

好的工程应该具备安全性、功能性、经济性、美观性和耐久性等特征,这些条件缺一不可,只有尽可能满足这些条件的工程才能更好地服务社会公众,发挥其应有的作用。

---

① 程新宇,程乐民. 工程伦理中的职业社团与伦理章程建设研究[J]. 昆明理工大学学报(社会科学版),2013(06):6-12.

② 李伯聪. 关于工程伦理学的对象和范围的几个问题——三谈关于工程伦理学的若干问题[J]. 伦理学研究,2006(06):24-30.

(三)尽力控制工程风险

任何工程项目在实施的过程中都可能存在潜在的风险。工程活动必须尽力控制工程风险的发生,以免酿成人员伤亡和财产浪费,造成对自然环境的破坏。

1.提高企业的抗风险能力

对企业来说,在工程项目的实施过程中,存在许多不确定因素,如设计缺陷、技术失误、不可抗力等,这些因素都可能对工程项目的实施造成影响,甚至可能导致项目的失败。通过风险控制,企业可以及早发现和应对这些不确定因素,减少因项目组织决策失误所引起的风险,从而保障工程项目的顺利实施。通过风险控制提高企业的风险管理水平,增强企业的风险应对能力,减少损失,提高企业的竞争力。

2.避免工程项目损失

工程风险控制可以降低企业在工程项目实施过程中的风险,减少因风险问题导致的工程进度延误、成本增加等问题,提高企业的经济效益。通过风险控制,企业可以制定相应的风险应对措施,对工程项目实施过程中的各项风险进行及时有效的管理,避免因风险问题导致的不必要损失,从而提高企业的经济效益。

3.提高企业的社会形象

工程风险控制可以增强企业的社会责任感,提高企业的社会形象和声誉,从而为企业的发展提供更好的社会环境。通过风险控制,企业可以保障工程项目的实施安全,减少因工程项目实施过程中出现安全事故对社会造成的影响和损失,提高企业的社会责任感和形象,为企业的发展提供更好的社会环境。

4.保护自然环境和资源

工程风险控制可以减少对自然环境造成的影响和破坏,保护自然环境,降低因工程项目实施过程中对自然资源的过度开采和浪费,保护自然资源,实现资源可持续利用。工程风险控制可以降低对自然环境的污染和破坏,保护生态环境,实现可持续发展。

第二节　公平正义原则

工程领域中的分配正义不仅是社会正义的重要体现,也应当成为工程师职业的价值追求。工程活动的开展必然会涉及一定的群体,有人会从工程中受益,也有一部分人可能因为某项工程而利益受损。工程师在施工活动中要始终秉持公平正义原则,充分尊重和保障每个人的合法利益,尽量防止个人利益受损,对已经受损的利益应尽力进行补偿和救济,以维护社会公平正义。

一、公平正义的基本含义

公平正义是一种价值理念,是社会价值分配的实际结果和状态。公平正义就是把各人所应得的给各人,使人各得其所、各得其值。在这个意义上,正义就是均衡、相称,不任意区分,将原则或者法律制度一以贯之,而不是随意安排。公平正义是关于实现社会价值的平等与公平分配的价值观念和价值诉求,它反对和排斥社会价值分配和分享过程中的不平等与不公平。

公平正义首先意味着权利公平,它承认并保证社会主体具有平等的生存发展权。也就是要求社会的制度安排和非制度安排给每个社会主体的生存、发展的机会是平等的,劳动的权利、受教育的机会、职业的选择、社会福利的配给等不能受家庭背景、种族、性别以及资本占有状况等因素的限制和影响。工程活动在开展的过程中也应切实保证工程相关各方的基本权利,不能为了某一方面的利益而使得另一人群的权利受损。只有对人的基本权利给予切实的保障,坚持使工程建设的成果惠及相关各方,体现以人为本的工程建设理念,才能使工程造福人类社会。

其次是机会公平。社会主体参与社会活动,要求社会确保机会均等,这是实现权利公平的前提。从有利于挖掘、发挥出每个人的潜能的要求来看,机会公平意味着要满足人的不同层次需要和不同人的不同层次需要,这一方面要求社会多提供机会,另一方面社会制度安排要保证所有机会是均等的。机会公平要求工程的开展要摒弃先赋性的因素(如特权、身份、宗教、种族、等级)等不公正因素的影响,保证工程各方能够得到公正的对待。

最后是规则公平。社会主体参与社会活动只有在规则公平的前提下,才能实现其他形式的公平。这是程序正义的体现,工程在开展过程中要制定公平公正的规则,使工程相关方都能够参与其中,通过制度和规则保障每一方的利益都有诉求或救济的机会和渠道。

二、工程公平正义的内涵

工程所带来的利益和好处如何分配属于社会伦理问题,尤其是公平公正问题。在工程活动中,不同的利益集团和个体应该合理地分担工程活动所涉及的成本、风险与效益;工程活动不应该危及个人或特定人群的基本的生存与发展需要;对于因工程活动而处于相对不利地位的个人与人群,社会应给予适当的帮助和补偿。这些原则有助于建立一个公平、公正和可持续发展的工程环境。

(一)公共利益优先

工程领域的活动应以公共利益为导向,确保工程项目的设计、实施和运营符合公共利益和社会正义的要求。工程项目应明确制定公共利益为优先考虑因素的目标和准则,这些目标和准则应基于社会的需求和利益,包括环境保护、公共安全、可持续发展等方面。工程项目的决策过程应具有透明性和公正性,决策结果应基于客观、科学的评估和分析,应考虑到社会的各种利益相关者,确保公正、公平的利益分配和决策结果。在工程实施过程中,应广泛地纳入各方利益相关者的参与和意见,包括政府部门、社区居民、专业机构、环境组织等。通过听取各方的声音和意见,更好地反映公众的需求和利益。

> **概念:邻避现象**
>
> 　　邻避现象即"Not in my back yard"(不要在我家后院),简称为"NIMBY",指的是当国家推行某些对社会整体而言是必要的政策时,政策的目标地区却强烈反对把当地作为政策目标的草根运动。邻避现象展现出特定的大众自我矛盾的态度:原则上赞成政府施政的目标,但该目标的预定地不能与我家"后院"毗邻。邻避现象广泛存在于诸如兴建监狱、工业区、游民收容所、核电厂等诸多领域。

(二)合理的利益分配

在工程项目利益的分配中,应体现公正原则。确保每个人都有平等的机会参与工程活动,建立透明、公正的选拔机制,不偏袒特定个人或团队,而是根据能力、经验和项目需求进行公正的分配。确保工程领域的薪酬和福利制度公平合理,不因个人的性别、种族、宗教或其他身份特征而产生差别对待。

工程活动应体现公平机会和平等权利。工程活动应该为所有人提供公平的机会和平等的权利,不因性别、种族、年龄、残疾或其他因素进行歧视。工程参与者应该受到平等的对待,享有同等权利和机会。工程活动的利益分配应该公平合理,考虑到所有利益相关者的利益,包括工人、业主、社区等。所有人应该有平等地参与工程活动的权利和机会,工程决策应该充分考虑各方的意见和反馈。

工程活动应体现包容性。工程活动应该尊重所有人的意见和反馈,包容不同的观点和意见。工程参与者应该受到尊重和公正对待,不受任何形式的暴力和欺凌。同时,工程活动应促进知识和技能的分享,让所有人都能受益于工程活动。工程参与者应该得到充分的培训和教育,提高他们的技能和知识水平,以更好地参与工程活动。

工程活动要尊重差异性。人类因地理环境、历史演进等不同而形成了不同的种族、宗教和生活习俗,呈现出多样化的生存样貌。工程活动必须尊重这种多样化,尊重不同人群的不同宗教、习俗和生存差异,平等对待不同的人群,防止因差异而引发偏见。

工程活动应保障弱势群体利益。工程活动应该消除歧视和不平等现象,建立投诉机制和举报渠道,确保员工能够安全地报告任何歧视或不公平行为。多考虑社会弱势群体的利益,通过无障碍环境和通用设计,让所有人都能方便地参与工程活动。工程设施应该符合残疾人的特殊需求,为他们提供平等友好的环境和机会。

(三)工程代际公平

代际公平指当代人和后代人在利用自然资源、满足自身利益、谋求生存与发展上权利均等,即当代人必须留给后代人生存和发展的必要环境资源和自然资源。代际公平的理念要求在当代和代际的时空范围内对公平进行重新的理解与落实。传统的发展观注重在狭小的时空中配置资源,其发展方式是靠消耗现有的自然资源维持的,它的后果是自然资源的枯竭和生态环境被破坏,维持人类生存的长期经济发展得不到应有保障。提倡将代内公平拓展到代际公平,要求人类在关注当代经济社会发展的同时也必须对自己的后代负责,将后代的生存和发展也纳入当代发展中进行考量,把对单纯物质财富的追求和满足转变为对人的全面发展的追求,在发展中既满足当代人的需求,又不对后代人的发展构成危害。

三、公平正义的实现路径

公平正义作为工程师职业道德的一种伦理准则,违背它将引起社会不和谐。现实的工程实践是无法绕开利益受损人群的,总有人要在工程实施中受到这样那样的利益影响或损害,如移民安置问题、工程扰民问题、环境污染问题等。公平正义原则要求公平公正地对待所有工程利益相关者,特别是弱势群体,他们最容易受到不公正待遇。工程师的工程职业活动要做到分配公正、补偿公正、惩罚公正和程序公正。

(一)分配公正

分配公正指的是公平地分配利益和损害,工程活动不应该让某一部分人成为纯粹的受益方而让另一些人成为纯粹的受害者。而想要公平地分配收益和损害,保证公平的权利和机会是其前提条件。工程相关主体有权了解工程信息,并且有权同意是否参与,以及有退出工程试验的权利和机会。三门峡工程就是一个分配不公正的典型例子。三门峡工程的建设使得黄河下游地区河南段和山东段的居民免受洪涝灾害的影响,而且还得到了灌溉,发电,供水,拦沙等诸多好处。而上游地区却付出了土地被淹,环境恶化,大批移民,丧失经济发展机会等沉重的代价。

分配公正不仅包括代内不同主体间的公正,还包括区域公正、代际公正和国际公正。区域公正是指不能将工程风险转嫁到另一区域。在很多国家,把大量工程风险转嫁到经济欠发达的偏远地区,发达地区享受着工程所带来的收益,而欠发达地区却承担着工程的潜在风险。代际公正就是要保证每一代人都公平地享有平等生存和发展的权利,不能只顾当代人的利益。例如切尔诺贝利核电站事故,不仅剥夺了当地成千上万居民和不计其数生物的生命,也让他们的后代丧失或是减损了生存的基本权利。国际公正是指保证不同国家拥有同样发展的权利,不能将工程风险转移到他国。西方发达国家凭借强大的经济实力和科研能力,在大量占用公共自然资源的同时,不断向经济较为落后的地区输出污染性企业甚至是废弃物。这些发展方式明显有违工程活动的分配公正原则。

> **案例:印度博帕尔毒气泄漏案**
>
> 印度博帕尔毒气泄漏案是人类历史上最严重的工业化学事故之一。1984年12月3日凌晨,印度中央邦首府博帕尔市的美国联合碳化物属下的联合碳化物(印度)有限公司设于贫民区附近一所农药厂发生氰化物泄漏,造成了2.5万人直接死亡,55万人间接死亡,另外有20多万人永久残废。现在当地居民的患癌率及儿童夭折率,仍然因这场灾难而高于其他印度城市。

(二)补偿公正

工程作为一项社会实践,事前无法精准预测其全部结果,具有很大的不确定性。工程在带来利益的同时往往伴随着风险甚至是负面效应,从而会损害一部分人的利益。因此,为保证工程的公平性,应该对受损失一方给予补偿。这种补偿,不应该仅仅在事故发生后和在事故发生前,有所行动就应该有所补偿。

工程投资要减少或弥补个人权利的损失。我国宪法规定:"国家为了公共利益的需要,可以依照法律规定对公民的私有财产实行征收或者征用并给予补偿。"这为工程实施过程中征收或征用公民私有财产提供了法律依据,同时也明确了工程投资必须减少或弥补个人的损失,防止工程侵权行为的发生,激化社会矛盾,影响社会稳定。所以,如何尽量减少或弥补对个人权利的侵犯就成为工程实施过程中必须注意的问题。

补偿公正也是消除"邻避活动"弊端的重要途径之一,补偿公平虽然不能消除损失,但是能在很大程度上提高人们对风险的容忍度。这里的补偿不仅仅是经济补偿,还应该包括环境补偿、政策补偿等。补偿的方式应该多元化,以利益受损者的需要为导向,及时进行一定的补偿以保证公正。在具体的工程项目中,应该进行全面的分析和判断,对可能产生的权利侵害进行评估,并选择那种对权利造成最小侵害的行为方式而展开。

> **案例:中泰垃圾焚烧厂事件**
>
> 在浙江杭州中泰垃圾焚烧厂选址项目中,前期由于未做好沟通工作和分配不公,2014 年 5 月,工程项目遭到了余杭区中泰街道一带群众反对,还曾发生规模性聚集。少数群众甚至阻断交通、围攻执法管理人员。面对工程利益和风险分配的不公平,政府曾多次组织群众参观考察国内先进的垃圾焚烧厂,打消群众的疑虑。此外,"杭州市专门给中泰街道拨了 1000 亩的土地空间指标,用来保障当地产业发展。区里还投入大量资金帮助附近几个村子引进致富项目,改善生态、生产、生活环境。"正是因为有了这一系列的补偿措施,才实现了工程的公正,从而保证了工程的顺利实施。

(三)惩罚公正

惩罚公正是一种通过惩罚来维护公正、平等和道德价值的社会控制机制。惩罚公正认为每个人都应该对自己的行为负责,如果一个人违反了道德规范或法律,就应该受到相应的惩罚。惩罚公正的目的是通过惩罚来纠正错误行为,维护社会的公正和平等。惩罚公正的基本原则包括适当性、必要性和相称性。

惩罚公正的适当性原则指的是惩罚应该针对错误行为,而不是针对个人或群体。惩罚应该秉持公正、公开、公平的原则,遵循一定的标准和严格的程序,避免出现偏见和私利。

必要性原则指的是惩罚应该是必要的,也就是说,没有更轻的惩罚措施可以有效地纠正错误行为。工程活动中的惩罚应该证据确凿,有确实的证据证明被处罚方存在违规行为或错误。惩罚应按照相关的法律法规进行，不得随意处罚或违反法律规定。

相称性原则指的是惩罚应该与错误行为相称，不能过重或过轻。应该尊重个人权利，不得侵犯被处罚方的尊严和权益。惩罚应该公开透明，被处罚方应该了解处罚的原因和依据，并有机会进行申诉和维权。

工程活动中的惩罚公正，其意义在于通过惩罚来纠正工程活动中相关责任人的错误行为，同时也可以对其他工程从业者起到震慑和预防的作用，防止工程活动中类似错误行为的再次发生。

（四）程序公正

程序公正是现代社会治理的基本准则，也是工程活动中必须遵守的准则。程序公正确保了工程活动的公开、公正、公平原则和工程实施过程的透明性，避免了各种利益冲突和权力滥用，保障了公众的利益和权益。程序公正还有助于提高工程活动的规范性和专业性，确保工程活动的质量和效率。工程活动要做到程序公正，需要采取以下措施：

制定明确的规则和程序。工程活动应该制定明确的规则和程序，包括招标、评标、验收等环节的程序和标准，确保所有参与者都遵守同一规则和程序。

确保工程活动的公开透明。工程活动的信息应该公开透明，包括招标信息、评标标准、验收结果等，确保所有参与者都能够了解工程的进展和具体情况。在评标环节，应该按照事先公布的评标标准和程序进行评标，不得受到个人主观因素和利益干扰，确保评标的公正性。

严格执行程序。所有参与者都应该坚持规则执行，不得违反规则和程序，确保工程活动的规范性和专业性。工程活动中应该避免利益冲突，所有参与者都应该保持中立和公正，不得存在利益关联和利益冲突。在工程验收环节，应该按照规定的标准和程序进行验收，确保工程符合要求，不存在安全隐患和质量问题。

工程活动要做到程序公正，需要制定明确的规则和程序，确保过程的透明性，避免利益冲突，严格执行规则，保证工程活动的公正、合法和有序进行，提高工程活动的质量和效率，维护公众的利益和权益。

第三节　工程与自然和谐原则

20世纪中叶新技术革命蓬勃兴起之后，人类通过工业化、城市化大大提升了生活的质量，同时环境污染、资源枯竭、地球变暖等一系列问题也随之产生。人类如果仍然按照传统的方式生存、发展，地球将不堪重负。自20世纪下半叶以来，许多有识之士开始对以人类为中心的传统发展观包括工程观进行反思，开始将关爱自然的原则运用于大量的工程实践中。

一、中国古代天人合一思想

中国古代天人合一思想传承几千年不衰,对中国社会的文化走向、价值观念、思维方式、伦理道德和审美追求等方面都产生了深远影响。这一古老而有生命力的思想为我们当代人重构人与自然、人与社会、人与人、人与自我之间的关系提供了重要的价值基础。"天人合一"的思想与我国悠久的农耕文明有着密切的关系。《周易》有言:"有天地,然后万物生焉。"我国古人在从事农耕生产的过程中,慢慢了解到了天地运行的规律,逐渐形成了物我相应、天人合一的思想。

(一)天人合一思想的起源及发展

天人合一思想最早可以追溯到中国古代的春秋战国时期,当时的思想家们开始关注人与自然的关系,主要的代表人物有儒家的孔孟和道家的老庄。

儒家学派认为,人与天地万物都是一个整体,应该相互尊重、协调发展。《论语·述而》中说孔子"钓而不纲,弋不射宿",意思是说孔子用鱼竿钓鱼而不用渔网捕鱼,用弋射的方式获取猎物,不射取正在休息的鸟类,给鸟兽休养生息的机会,体现了孔子不乱杀生、不乘动物之危的朴素生态保护观。《孟子·梁惠王》提倡"不违农时,谷不可胜食也;数罟不入洿池,鱼鳖不可胜食也;斧斤以时入山林,材木不可胜用也。"意思是说不妨害农业生产的季节,粮食便会吃不完;如果细密的渔网不到池沼里去捕鱼,鱼鳖就会吃不光;如果按季节拿着斧头入山砍伐树木,木材就会用不尽。

道家学派的思想家们也提出了类似的观点。老子提出了"人法地,地法天,天法道,道法自然"的观念,认为人类应该遵循自然的规律,与自然和谐相处。庄子则进一步发展了这一思想,提出了"天人合一"的概念,他指出人应该"无为而无不为,取诸阴阳,而配四时,日月星辰,各有其司;五官六府,各有所职。"庄子还强调"天地者,万物之父母也。"人类和自然是一个不可分割的整体,应该追求内在的和谐与平衡,以达到天人合一的境界。

另外,墨家代表人物墨子曾指出"昔者尧治天下,尧善者不凿,漏者不塞,鸿水不防,奇迹有之,若禹也。"这里的"不凿"和"不塞"是墨子提倡的防止水土流失的方法。《墨子》一书中有很多具体实践的例子,展示了墨子如何通过科学和技术来改善自然环境,以实现人与自然的和谐发展。

到了汉代,天人合一观念逐渐成为占主导地位的宇宙观,形成了较为完整的宗教神学体系。在此基础上,汉代哲学家董仲舒提出了"天人之际,合而为一"的观点,进一步阐述了天人合一的哲学观念。淮南子刘安在《淮南子》中则提出了"天人感应"的观点,认为人类和自然之间存在着一种相互感应的关系,人类应顺应自然,以达至天人合一的境界。此后,天人合一观念在中国传统文化中逐渐深入人心,成了人们对于宇宙和人类本质思考的一部分。

在后来的各个历史时期,天人合一观念得到了不断的发展和丰富。例如,陶渊明的"采菊东篱下,悠然见南山",表达了人与自然之间关系的惬意与悠然。"天人合一"的精髓,是物我贯通、物我共生,既不是人类中心主义,也不是自然中心主义,而是人与自然的和谐共生关系。王阳明认为人与自然界万物是一体，两者是不可分的整体，他有一句为后世所熟知的名言："你未看此花时，此花与汝同归于寂；你来看此花时，则此花颜色一时明白起来"，以诗意的语言点出了中国人心目中"天人合一"的生存智慧。

(二)天人合一思想的核心内容

天人合一思想的核心在于强调人与自然的和谐统一。它认为，人与自然是相互依存的，人的行为和自然的变化都是相互影响的。人们应该通过观察自然的变化，探究自然的规律，感悟自然的本质，从而与自然形成一种和谐统一的关系。同时，天人合一思想也强调人与自然的相互尊重，认为人类应该尊重自然、保护自然，维护自然界的平衡和稳定。其核心内容可以概括为以下几个方面：

强调人与自然的道德关系。天人合德是天人合一思想的核心，强调人与自然的道德关系。自然和人类都是有生命的存在，都具有内在的价值和尊严。因此，人们应该尊重自然、关心自然，与自然和谐相处。人们要注重自身的道德品质建设，做到人与自然和谐统一，达到天人合德的境界。

重视人与自然的依存关系。天人相通是天人合一思想的基本原则，强调人与自然的相互依存关系。人类和自然界的万物都存在着一种相互感应的关系，天的变化能够影响人类的社会和个人的命运，而人类的行为也能够感应上天，从而影响自然界的万物。因此，人们应该通过观察自然的变化，探究自然的规律，感悟自然的本质，从而与自然形成一种和谐统一的关系。

认为人与自然同源共生。天人同源是天人合一思想的根源，它强调人与自然的同源性。中国古人认为人类和自然界的万物都出自同一个本源，拥有相同的本质和本性，遵循相同的规律和法则。这种思想强调人类应该尊重自然、顺应自然，与自然和谐相处，并通过研究自然规律和法则来认识世界和探索宇宙的本质，并指导人类自身的生存和发展。

天人合一思想蕴含丰富的生态环保与可持续发展理念，突破了狭隘的人类中心主义与主客对立的工具理性思维，为解决经济社会系统与自然系统的关系问题，推动形成人类活动与自然系统的良性循环，为保障人类工程活动健康有序发展提供了非常现实的重要价值参考。

二、人类中心主义工程观的反思

在人类以往较长时期的工程实践中，首先考虑的是人类的福利，很少考虑自然的平衡、资源的有限性、动植物的生存权等问题。自20世纪后半叶开始，随着全球现代化进程的不断加快，气候变暖、空气污染、土地荒漠化、水污染、资源枯竭等环境问题越来越成为人类和其他生物共同面临的生存威胁。今天，人类已经意识到了这一恶果，开始对过往工程活动中的人类中心主义进行反思：地球只有一个，一旦人类这一目前为止唯一的生存家园遭到无法补救的破坏，最终受到伤害的也包括人类自己。因此，反思人类中心主义工程观，积极寻求可持续发展的工程观已成为全球工程领域的共识。

（一）人类中心主义及其影响

所谓人类中心主义，就是主张在人与自然的相互作用中将人类的利益置于首要的地位，强调人类的利益应成为人类处理自身与外部生态环境关系的根本价值尺度。该理论认为，人与人之间才有真正意义上的义务，自然只是对这种义务起到工具的作用。在人与自然的价值关系中，只有拥有意识的人类才是主体，自然是客体。在人与自然的伦理关系中，应当贯彻人是目的的思想。人类的一切活动都是为了满足自己的生存和发展的需要，如果不能达到这一目的的活动就是没有任何意义的，因此一切应当以人类的利益为出发点和归宿。这种认识促进了人类在科技方面的不断进步，但同时也使人类与自然界的关系日益紧张，在人类无节制地改造和征服自然界的过程中，自然不断遭到破坏，生态出现了严重失衡。

人类中心主义强调以人为中心，其最大的弊端是没有意识到人类是"自然之子"，而不是"自然之主"。在人与自然的关系上，人类中心主义过分强调对自然的统治和索取，而忽视了对自然的依赖和培育，加速了自然资源枯竭和自然承载力衰竭，为人类的持续发展埋下了隐患和祸根。人类中心主义强调以人类为中心，在人类个体和群体之间的关系上表现为过分强调对其他个体和群体的统治，而忽视了社会中个人与个人、个人与国家、国家与国家之间的和谐，助长了人类社会中一些过分残酷的争权夺利的斗争，使人与自然、人与人、族群和族群等之间的关系紧张，甚至出现了剑拔弩张、你死我活的冲突。

（二）人类中心主义工程观的困境

以人类中心主义理论为基础的工程观，在现实生活中所体现出的消极影响随处可见：

1. 工程活动中反映出的人性弱点

科学技术在为我们创造舒适的现代生活享受的同时，也在生产着它的副产品——污染，如大气污染、水污染、固体废物污染以及噪声污染以及对环境的其他负面影响如对地质环境的破坏等，这些都给人类现在和今后的生活带来了难以想象的消极影响。如果我们不充分意识到它的严重性，对其进行及时的控制，今后完全有可能给人类带来严重危害和灾难，甚至威胁人类乃至地球上一切物种的生存。

贪婪、疏忽大意、急功近利、缺乏长远眼光，这些人性的弱点在工程实践中往往会带来严重的后果。由于这些人性的弱点在工程活动中体现出来的对人类生存环境破坏的例子比比皆是，如不采取任何废水处理措施就大肆排放的小造纸厂、小化工厂。如果不能在观念上认识到这些问题，人类的生存就难以为继。尤其是当一些缺少社会责任感的工程师把自然界当作自己的实验场，把技术作为自己牟取暴利的手段时，情况将变得更加严重。

> **案例：DDT 与《寂静的春天》**
>
> 1939 年，瑞士化学家保罗·赫尔曼·穆勒发现了 DDT（滴滴涕）的杀虫作用，特别是在对付节肢动物方面效率极高，并且其作用机理被认为对人体无害，因此很快成为全球农业生产的首选农药。商业化十多年后，DDT 的负面影响渐渐发酵。首先它不会选择性杀死昆虫，而是将所有的节肢动物无差别杀灭！另外，这种化学合成物性质十分稳定，会慢慢富集并通过食物链在各种动物身上产生影响，DDT 会造成胎儿畸形，对人类也不例外。1962 年，美国科普作家蕾切尔·卡逊出版了《寂静的春天》一书，讲述了由于人类过度使用化学药品和肥料，人类将面临一个没有鸟、蜜蜂和蝴蝶的世界，该书问世后引发了广泛关注。鉴于 DDT 的巨大潜在风险与触目惊心的案例，从 1970 年代起，全球开始逐步禁止 DDT 的使用。

2. 工程活动中人与自然关系的扭曲

人与自然的关系是人类生存与发展的基本关系。人类社会的发展是在人类认识、利用、改造和适应自然的过程中不断演进的，随着人类社会的不断发展，人与自然的关系也处在不停演变中。

在原始的农耕文明阶段，人与自然和谐相处，人类依靠大自然的赐予在地球上耕耘、收获、繁衍，那时人与大自然是相对亲近的，人类从属于自然。近代以来，由于科学技术的不断发展，人类认识自然、改造自然的能力大大提高，人类实践的范围不断扩大，人类在征服自然、利用自然取得了巨大成果的同时，人与自然的关系日渐走向疏离，人与自然的关系更类似一种"主奴关系"，人类对自然均衡状态的破坏也达到了相当严重的程度。环境污染、生态失衡已成为世界性公害。目前全世界有 10 亿以上人口生活在污染严重的城市，而在洁净环境中生活的城市人口不到 20%。全世界有近三分之一的人口缺少安全用水，每天有数以万计人的死与水污染有关，食品中毒事件经常发生。由于对自然资源的非正常利用，干扰了自然生态的正常演化，破坏了整体自然生态系统的稳定和平衡，出现了全球性的生态危机。

三、非人类中心主义对传统工程观的挑战

人类中心主义工程观所带来的全球生态危机，催生了非人类（中心）主义观念。人类中心主义和非人类中心主义的争论，兴起于 20 世纪 70 年代的西方国家。非人类中心主义对人类中心主义持尖锐批判态度，把人类中心主义看作是环境保护的最低境界，认为人类应全面超越人类中心主义，建立一个以自然生态为尺度的伦理价值体系和相应的发展观。非人类中心主义认为，人类中心主义是生态破坏和环境污染的罪恶之源。非人类中心主义理论中最具典型的有动物福利论、生态中心主义和生命中心主义等。

（一）动物福利论

动物福利一般指动物不应受到不必要的痛苦，即使是供人用作食物、工作工具、友伴

或研究需要。动物福利概念由五个基本要素组成：生理福利，即无饥渴之忧虑；环境福利，也就是要让动物有适当的居所；卫生福利，主要是减少动物的伤病；行为福利，应保证动物表达天性的自由；心理福利，即减少动物恐惧和焦虑的心情。人类在满足自身生存所需的同时必须关注动物的基本生存权，因为人类和自然界的动植物以及其他各种资源构成了我们生活的环境。

自然创造了一个物种如此丰富多彩的世界，但是在近40年里，地球上动物种类灭绝的速度已是自然灭绝速度的100～1000倍，而人类的活动是这一现象的根本原因。物种的不断灭绝是环境恶化的表现，过度保护人类自身的眼前利益是一种缺乏长远目光的愚蠢之举。随着人类对自然环境观念的更新，动物保护、动物福利等越来越受到人们的重视。其中动物福利立法是人类对于自然界观念的更新，是社会文明进步的象征。英国是世界上最早进行动物福利立法的国家，19世纪就出台了动物福利法，国际上也相继订立了一些保护动物的公约。

（二）生态中心主义

多数现代道德理论把注意力集中于个体的权利或利益，而生态中心主义是一种整体论或总体主义，它是一种把道德关怀的范围从人类扩展到整个生态系统的伦理学说，是"非人类中心主义"的类型之一。生态中心主义认为地球是一个由相互依赖的各部分组成的共同体，人只是"这个共同体的平等一员和公民"，并不比其他的生命特殊。在这个共同体内，每个成员都有它继续存在的权利，人类和大自然的其他构成者在生态上是平等的。人类的任何一种行为，只有当它有助于保护生命共同体的和谐、稳定和美丽时才是正确的，反之则是错误的。生态中心主义认为，生态系统拥有"内在价值"，维护和促进生态系统的完整和稳定是人类的义务。

人物：朱赢椿和他的虫子世界

著名出版人朱赢椿出生在苏北农村，田间野趣让他早早与虫结缘。2007年，他受蚂蚁启发，逐渐从书籍设计师转向虫子观察者。他为虫子写书、拍照，请虫子画画、写字，给虫子做展览，向世人展示常被忽略却又十分精彩的"虫虫世界"。他先后出版了《虫子旁》《虫子书》《虫子诗》等系列作品，大受欢迎。

（三）生命中心主义

宇宙内的万物都是神圣的，都有不可忽略的价值和尊严。人与它们的关系从根本上说是存在者与存在者的关系,而不是主体与客体、目的与手段、中心与边缘的关系。这就意味着人类应超越任何类型的中心主义,不赋予任何物以本体论的优先地位,走向珍视万物的全新时代。生命中心主义认为,人类的道德关怀不仅应该包括有感觉能力的高级动物还应该扩展到低等动物、植物以及所有有生命的存在物身上。因为所有生命都是神圣的,它们都拥有自己的不依赖人的评价而存在的内在价值。与人类中心主义和动物中心主义不同的是,生命中心主义是将所有的生物都当作中心,也就是去中心化,即承认万物都拥有同样的价值和尊严,而不存在一个凌驾于万物之上的所谓中心。德国哲学家阿尔伯特·史怀哲的敬畏生命的伦理理念和美国哲学家保罗·泰勒的尊重大自然的伦理思想,从两个不同的角度阐释了生命中心主义的基本精神。

动物福利、生态中心主义和生命中心主义对传统的人类中心主义观念提出了挑战,这些全新的环境生态伦理观是对传统以人类为中心的伦理观的反动与纠偏。随着这些观念的传播和深入人心,传统的人类中心主义工程观也需要进行新的变革以适应时代的要求,今天人类的工程实践活动必须关照自然资源的合理利用、对环境的保护甚至考虑动物的福利问题。

案例:生态友好型工程——青藏铁路

世界上海拔最高、线路最长的高原铁路——青藏铁路于 2006 年 7 月 1 日通车运行。在铁路设计、施工和运行的过程中建设方和运营方都比较好地考虑了环境保护的问题。平均海拔 4000 米以上的青藏高原上分布着由冰川形成的众多天然固体水库,成为长江、黄河、澜沧江等数十条江河的主要补给水源。建设单位将施工中产生的泥浆进行严格的二次沉淀处理,严禁将泥浆直接排入河中。任何单位和人员不准向湖水排放污水和垃圾,违反者立即下岗。受严酷的气候条件影响,青藏高原植被生长非常缓慢。建设者采用分段施工、植被移植的方法,先将施工区的草皮切成块,然后用铲车将草皮连同土壤一起搬到草皮移植区,专人负责养护。路基成型后,再把草皮移植恢复到路基边坡上。青藏高原是我国珍稀野生动物的栖息地。铁路选线尽量避开野生动物栖息、活动的重点区域,西藏段工程绕避了林周彭波黑颈鹤保护区。铁路沿线共设置 33 处野生动物通道,沿线路方向累计宽度近 60 公里。根据不同动物的迁徙习性,通道被设计为桥梁下方、隧道上方及缓坡平交三种形式。"青藏高原湿地"是世界平均海拔最高的湿地,对全球生态有着重要而独特的生态价值。建设者先在原湿地旁边的植被稀疏处挖出与湿地等高的洼地,将湿地原水引入,营造出人工湿地的环境。铁路在设计时尽量绕避湿地,必须经过湿地时,一般采取"以桥代路"的方式。为了保持冻土环境稳定和避免对沿线原生的自然景观产生影响。工程采取了路基填方集中设置取土场,取、弃土场尽量远离铁路设置并做好表面植被恢复;对挖方地段,在路基基底铺设特殊保温材料并换填非冻胀土,避免影响冻土上限和产生路基病害,以确保路基两侧区域冻土层的稳定。

第四节 可持续发展原则

世界上的任何事物都是矛盾的统一体。人类从事工程实践是在人—工程—社会—自然这个统一体中进行的,牵一发而动全身。所以工程项目的开展一定要兼顾个人、社会、自然和工程项目本身可能发生的变化以及影响,在工程实践中自觉将可持续发展的原则贯彻其中。以人与人、人与社会、这一代人与下一代人、人与自然互惠互利、共同发展为前提,自觉克服目光短浅、急功近利思想,树立各个因素和谐并进的可持续发展工程观。

一、可持续发展思想

可持续发展的概念最先是1972年在斯德哥尔摩举行的联合国人类环境研讨会上正式被讨论。这次研讨会云集了全球的工业化和发展中国家的代表,共同界定人类在缔造一个健康和富有生机的环境上所享有的权利。自此以后,各国致力界定"可持续发展"的含义,涵盖国际、区域、地方及特定界别的层面。1980年国际自然保护同盟的《世界自然资源保护大纲》提出:"必须研究自然的、社会的、生态的、经济的以及利用自然资源过程中的基本关系,以确保全球的可持续发展。"1981年,美国的布朗出版了《建设一个可持续发展的社会》,提出以控制人口增长、保护资源基础和开发再生能源来实现可持续发展。1987年,世界环境与发展委员会出版《我们共同的未来》报告。1992年6月,联合国在里约热内卢召开的"环境与发展大会",通过了以可持续发展为核心的《里约环境与发展宣言》等文件。随后,中国政府编制了《中国21世纪人口、资源、环境与发展白皮书》,首次把可持续发展战略纳入我国经济和社会发展的长远规划。1997年,中共十五大把可持续发展战略确定为我国现代化建设中必须实施的战略。

(一)可持续发展思想的主要内涵

《我们共同的未来》中对"可持续发展"定义为:"既满足当代人的需求,又不对后代人满足其自身需求的能力构成危害的发展"。所以可持续发展应该以保护自然资源环境为基础,以激励经济发展为条件,以改善和提高人类生活质量为目标的发展理论和战略,是一种新的发展观、道德观和文明观。其内涵主要包括以下几个方面:

(1)突出发展的主题,但发展与经济增长有根本区别,发展是集社会、科技、文化、环境等多项因素于一体的完整现象,是人类共同的和普遍的权利,发达国家和发展中国家都享有平等的不容剥夺的发展权利;

(2)重视发展的可持续性,即人类的经济和社会发展不能超越资源和环境的承载能力,在发展过程中尽量减少对资源的损耗和对环境的破坏;

(3)人与人关系的公平性,当代人在发展与消费过程中应努力做到使后代人有同样的

发展机会,同一代人中一部分人的发展不应当损害另一部分人的利益;

(4)人与自然的协调共生,人类必须建立新的道德观念和价值标准,学会尊重自然、师法自然、保护自然,与之和谐相处,而不是一味地向自然索取。

(二)可持续发展对工程实践的指导意义

科学技术发展到今天,各个学科和行业几乎都同时遇到了环境、资源、能源和人类伦理道德等的共同拷问,工程活动也不例外。可持续发展思想的提出为工程实践的未来发展指明了方向,人类必须改变传统的工程活动方式,用新的思想、新的理念来充实和完善现行的工程发展观,即可持续发展工程观。将可持续发展思想融合到工程活动的理论和实践中,工程实践要全面考虑工程活动和环境、人类需要之间的关系,努力协调自然环境、人类社会与工程系统的关系,将绿色、环保、可持续发展的理念渗透到工程活动的各个环节中去。

(1)用可持续发展观指导工程设计和施工。工程活动在设计和施工过程中考虑工程的长期影响和可持续性,采用环保、高效、节能、节水、节材等技术和方法,减少对环境、社会和经济的影响,避免短视和短期行为,确保工程的环保性能和长期可持续性。

(2)优化资源利用。不断优化资源利用,包括合理利用土地、水资源、能源等有限资源,提高对资源和能源的利用效率和可持续性,减少施工过程中的无端浪费和大量污染,考虑不同利益相关者的需求和权益,确保工程的实施不会造成社会不公和冲突,实现工程活动的可持续性。

(3)推动技术创新和进步。推动技术创新和技术进步,积极开发新型环保、节能、节水等技术和工艺,提高工程的环保性能和可持续性,促进工程行业的可持续发展,提高工程活动的经济效益和社会效益。

可持续发展原则对工程活动具有非常重要的指导意义,它可以指导工程设计和施工,优化资源利用,推动技术创新和进步。同时也可以促进社会公正,提高工程的经济效益和社会效益,实现工程的可持续发展和长期可持续性。

> **案例:以色列的绿色发展之路**
>
> 以色列多年来积极发展出口型现代农业,限制曾创最高单产的棉花和粮食等高耗水作物,转向高产值的基因生物、花卉、果蔬、畜牧等。其电脑化养奶牛等项目的单产居世界之首。据专家分析,以色列现代农业技术和效益超前于世界大部分国家50年左右,单位国土面积能养活世界平均水平三倍的人口。在水技术方面,以色列是世界滴灌和海水淡化技术的先锋,其份额占全球水市场一半。以色列最大的海水淡化厂年产水 1.2 亿吨。目前以色列计划再建 3 个淡化水厂,年产水要达到 5 亿吨,新厂采用的技术可节能 40%,每吨水成本约 0.5 美元。同时,以色列的废水回收率达 75%,居世界第一,位居第二的西班牙废水回收率仅 12%。以色列绝大多数供水管均采用全程电脑监控和自动堵漏系统,可减少水损耗 30% 左右。

二、工程师与可持续发展观

在工程实践中,可持续发展工程观在工程中的作用是不容忽视的。世界航空工程的先驱者、美国加州理工学院冯·卡门曾说:"科学家研究已有的世界,工程师创造未来的世界!"工程师在现代工程活动中始终扮演着一个极其重要的社会角色,他们是现代工程活动的核心,工程的勘察、设计、施工和操作都由工程师去完成。作为工程实施主体的工程师,只有树立正确的工程发展观和相应的工程伦理素养,才能在今后的工作中尽可能减少工程对自然环境的破坏和影响,提高工程的可持续发展性。要成为高素质的工程师,不仅要具备过硬的专业知识,更要拥有正确的工程伦理价值观。

(一)可持续发展:未来工程发展的方向

作为发展中国家,我国很多地方都以高消耗、高污染的方式进行着工程建设。虽然大规模的工程建设在推动我国经济社会发展中起着非常重要的作用,但近年来,随着经济建设的急速扩张和国家战略布局的影响,我国自然资源过度消耗,承载力下降,环境污染加剧,自然生态退化严重的问题已经摆在我们面前。而一旦资源枯竭、生态失调,经济和社会发展必然受到严重制约,甚至会出现"负增长"。因此,如何解决经济发展与生态社会系统的矛盾,已经成为我国经济和社会发展领域的重大问题,也是我国工程领域亟待解决的问题。如何在工程建设中既保证人类生存发展、改善生活环境和质量的需要,又保证生态环境的保护,降低对资源的消耗,已经成为未来工程发展的必然选择。可持续发展的工程必将成为未来工程发展的方向。

在未来的工程发展中,必须体现工程的可持续发展原则,即工程不仅要满足当前的需求,还需要考虑对未来环境、社会和经济的影响,以达到长期可持续发展的目标。工程的可持续发展原则涉及多个方面,包括环境的可持续性、社会的可持续性和经济的可持续性。

可持续性发展原则要求工程在设计和实施过程中,需要考虑对自然生态系统的保护和环境的影响,采用环保技术和材料,减少对环境的破坏和污染。工程活动应该采用高效、环保的设计和施工方式,优化材料和能源的使用,减少对自然资源的过度开采和消耗,降低工程的环境影响。工程活动应该采用环保技术和材料,减少工程产生的废水、废气、固体废弃物等污染物,降低对环境的污染和破坏。工程活动还应该保护周围的生态环境和生物多样性,避免对生态环境的破坏和损害,尽可能保护自然生态系统的平衡和稳定。

可持续发展原则也要求工程师必须提高环境意识,加强对工程参与者的环保教育和培训,让参与者了解环境的价值和重要性,增强对环境保护的责任感和意识。工程师在进行工程活动的过程中充分了解和熟悉工程所在国或所在地的环境保护法律法规和工程环保标准,采取相应的环保措施和管理措施,确保工程的环保合规性和合法性。

工程的可持续发展需要工程设计师和工程师具备可持续发展的意识和能力,考虑工程的长期影响和可持续性,同时还需要建立可持续发展的管理和机制,确保工程的可持续发展得以实现。

（二）可持续发展原则在工程中的体现

可持续发展工程观不是形而上的认识，它需要在具体的工程实践活动中得到充分合理的运用。可持续发展观要求在工程实践中要对项目实际和潜在的直接和间接、正面和负面、短期和长期影响，从环境、经济和社会三个方面进行识别和评价，将可持续发展标准体现到项目规划运营的全过程。要综合考察生态环境、经济、社会复合系统与工程项目之间的相互关系和影响，分析多种社会效益和多样的人文环境因素。

（1）在工程项目立项阶段，应进行土地利用适宜度规划、环境污染防治规划、资源利用与保护规划等，凡是损害生态社会系统的项目应坚决予以否决。立项时，应优先考虑具有多种功效的项目，每产生一单位效能被占用土地尽可能少的项目，能够最大限度为社会弱势群体提供机会而不会给其带来重大负面影响的项目，对稀有、濒危物种、自然文化遗产等影响较小的项目。

（2）在建设和运营阶段，应采用绿色技术，优化工程项目的环境产出。对所选定项目的每一阶段进行评价预测所选方案对生态环境的各种影响和应采取的保护措施，以优化工程项目的环境产出。采用绿色设计，着眼于人与自然的生态平衡关系，在设计过程的每一个决策中，都应充分考虑环境效益，尽量减少对环境的破坏，使产品能方便地分类回收并再生循环或重新利用；实施绿色施工，减少场地干扰，减少环境污染，提高资源和材料利用效率，增加材料回收利用等的施工方法。

（3）在工程活动过程中要建立公众参与监督机制。工程活动要严格识别利益相关者和受影响群体，并使他们有机会将其反馈信息纳入决策过程，并参与减少负面影响的方案制定和执行。工程活动应清楚识别项目的环境、社会和经济方面的效益与成本，描述将来可能出现的问题和风险，并汇成文件提供给利益相关者。明确识别少数民族和脆弱群体，确保他们能充分参与磋商活动，尽可能做到他们不受项目的负面影响或者对可能带来的负面影响有心理上的预期并将负面影响控制在能承受的范围以内。

案例：韩国兰芝岛的今昔

韩国的兰芝岛因盛产灵芝和兰草而得名。20世纪70年代，韩国汉城（今首尔）的经济发展起来了，但垃圾处理问题也日益严重，位于市区内又相对封闭的兰芝岛成为垃圾堆放的首选，岛上相继建了两个垃圾填埋场。之后短短的15年间，兰芝岛上堆起了两座高达100米的垃圾山。垃圾腐烂时渗出的污水流入汉江，邻近的生态环境遭到了严重破坏，大气污染也很严重。为了改变兰芝岛的面貌，汉城开展了生态修复工程。首先，有关方面建设了一道防水墙防止污水渗透，并实施污水净化措施；其次，在垃圾填埋地铺上黄土种植花草逐渐恢复自然植被；再次，集中处理有害气体；最后，在保护垃圾山倾斜面不倾倒的前提下实施绿化工程。另外，在地下尚存的垃圾堆内埋设管道，将仍在分解的垃圾产生的沼气和二氧化碳等气体抽上来送到能源工厂进行利用，以满足附近建筑的生活、制冷、采暖等方面的能源需求。经过多年的生态复原，昔日的垃圾填埋场，如今已成为市民工作忙碌之后享受休闲生活的地方。

复习思考题

如何理解工程师职业道德的首要原则是工程造福人类？

什么是好的工程？你认为好的工程应该具备哪些要素？

什么是可持续发展的工程观？

在具体的工程实践中，谈谈工程师如何实现工程公正？

案例分析题

公元前 256 年，李冰被秦昭王任命为蜀郡（即现在的四川）太守。蜀郡那时是旱涝之地，蜀郡人民长久以来一直与洪水和干旱做着斗争。李冰在当地人民的呼吁声中，担当了治水的大任。作为蜀郡的居民，首先要面对的是这里"非旱即涝"的现实，所以李冰上任不久，便开始着手解决这一难题。治水之前，李冰亲自对当地的地形进行了考察了解：岷江发源于岷山，水流湍急，通过灌县地域进入平川地界。因为错综复杂的地形，加上泥沙淤积，从而导致江水在特定的时期非常容易泛滥。不过，在西边闹洪灾的同时，东边却因缺水而常常发生旱灾。全面了解了蜀郡的"水情""地势"等之后，李冰便开始广征民工，着手治水。他充分利用当地西北高、东南低的地理条件，根据江河出山口处特殊的地形、水脉、水势，乘势利导，科学地解决了江水自动分流（鱼嘴分水堤四六分水）、自动排沙（鱼嘴分水堤二八分沙）、控制进水流量（宝瓶口与飞沙堰）等问题，使堤防、分水、泄洪、排沙、控流相互依存，既缓解了西边泛滥的洪水，又使东边的干旱问题得到解决，有效地消除了自古以来困扰成都平原的水患。这一水利工程就是著名的都江堰水利工程，两千多年来一直发挥着防洪灌溉的作用，使成都平原成为水旱从人、沃野千里的"天府之国"，是世界水利工程史上的典范之作。

请你谈谈都江堰工程所体现的伦理原则。

第三章　工程师职业伦理规范

　　伦理规范是社会规范的一种形式,用于调整人与人之间利益关系的行为准则,也是评价人们行为善恶的标准。工程师职业伦理规范是调整工程与技术、工程与社会、工程与自然之间关系的规范,是工程师在从事工程设计、建设和管理工作时必须遵守的行为规则。工程师职业伦理规范包括诚信品质、忠诚担当、敬业精神、团队合作、奉献社会等五类准则,对应工程师对待工程专业、雇主、合作者、公众和社会的伦理要求。

第一节　工程师的职业伦理规范体系

　　在我国坚持创新驱动发展、强调科技自主创新的背景下,工程科技人员的职业伦理规范(学术道德规范等)成为当下科学技术活动最重要的话题之一。工程师的职业伦理规范是开展科学研究、技术开发、工程建设、运行维护等工程活动需要遵循的价值理念和行为规范。砥砺高尚职业道德品质是工程师必备的基本素质,工程师的工程创造活动需要通过伦理规范来引导。

一、工程师职业伦理的理论基础

　　工程师职业道德应该与一般的伦理理论相结合,而不是避开或与传统的伦理思想相对立,已有的伦理理论起源在维护职业标准中扮演着重要的角色。功利主义、义务论、权利伦理和德性伦理等传统理论框架对于制定、实施和评估工程伦理规范具有重要的影响力。多元的伦理哲学思想是工程伦理的理论来源,也是讨论工程师职业道德规范的思想基础。

> **案例:电车难题**
>
> 　　"电车难题(Trolley Problem)"是伦理学领域最为知名的实验之一,由菲利帕·福特于1967年在《堕胎问题和教条双重影响》中首次提出。其内容大致是:一个疯子把五个无辜的人绑在电车轨道上。一辆失控的电车朝他们驶来,

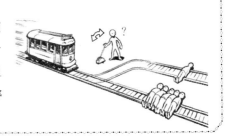

并且片刻后就要碾压到他们。幸运的是,你可以拉一个拉杆,让电车开到另一条轨道上。然而问题在于,那个疯子在另一个电车轨道上也绑了一个人。考虑以上状况,你是否应该拉杆?

(一)功利主义伦理思想

功利主义伦理学认为,道德的基本原则是为了实现最多人的最大幸福。作为一种后果伦理学的形式,功利主义追求唯一的道德信条,即促进最多人的最大善,并对每个受影响的人给予平等的考虑。功利主义的主要代表人物是英国思想家边沁和穆勒,他们认为正当行为的选择取决于其产生的善的结果最大化。例如,对于是否撒谎,我们需要评估撒谎所产生的好与坏的后果,并没有绝对的规则反对所有的谎言。爱尔维修将个人利己主义与公众利益相结合,认为公共利益是最高利益,但同时也不能损害个人利益,必须以保障个人利益为前提。

功利主义强调效用、利益和收益,将道德视为一种工具和手段,通过计算道德行为获得的幸福程度和收益大小来确定行为的道德价值。功利主义认为,只有当一个行为能够实现善的最大化时,它在道德上才是正当的。功利主义提供了一个简明的价值尺度,如果某个特定行为能够给大多数人带来最大的幸福,那么这个行为就是正确的。在工程实践中,功利主义的优点在于:首先,在终极价值选择问题上,明确主张将公众的安全、健康和福利放在首位,这是工程职业活动中一切价值选择的最终依据。其次,功利主义在工程师个人行为选择,尤其是社会公共行为选择上具有更强的可操作性。

(二)义务论伦理思想

义务论伦理是一种无关目的的规范伦理,与功利主义不同,它强调行为本身的重要性。义务论认为,道德评判不应仅基于行为的后果,行为本身也具有道德意义,判断一个行为是否道德就要考虑其是否正当。德国哲学家康德是义务论最有影响力的代表人物。康德强调要承认理性人的价值,只有遵守"尊重人"的普遍性道德原则的行为才是正当的。康德还提出了一系列义务,如诚实、信守承诺、助人、公平、感恩等。尊重人、可普遍化以及自主(道德自决和自我管理)是康德"绝对命令"的三种基本义务。

在古代,工匠和机械制造者通过运用纯粹的技艺,亲身参与设计和制作每一个工序,他们专注于做好自己的本职工作,视其为责任和义务。在现代,义务论对工程社团职业伦理章程的制定和推行产生了重大影响。例如,美国职业工程师协会的工程师伦理准则中的职业义务第五条规定:工程师在履行职业责任时不能受到利益冲突的影响。义务论思想是一种个体伦理思想,在工程师面临伦理困境时,义务论思想方法具有以下优点:首先,工程师的职业行为的道德价值不仅仅依赖于感觉和经验,而是要听从良知;其次,使首要责任(安全、健康、福祉)具有绝对命令性质,任何利益诱惑都不能成为放弃首要责任的理由;最后,人是目的,是最高价值存在,这一理念成为工程师最终的价值判断依据。

（三）权利本位伦理思想

权利本位伦理源于西方伦理学传统，是一种以权利为轴心的伦理理论，认为人的自由和权利是至高无上的，它强调个人的自主和尊严，认为任何行为只有在其他人权利得到尊重的情况下，才可以被认为是公正的。这种理论主张社会制度的设置和安排都应以保障和实现权利为出发点和目的。在现代社会，权利伦理已经深入人心，成为现代社会制度的基础和价值取向。现代国家的宪法和法律都明确规定了各种基本权利，如人身权利、财产权利、言论自由、信仰自由等，这些权利被认为是不可侵犯和剥夺的。然而，权利伦理也存在一些争议和挑战。一些学者认为权利伦理过于强调个人自由和权利，忽视了社会的整体利益和公正性。另外，也有人认为权利伦理缺乏对道德责任的考虑，过于强调权利的行使，而忽略了个人的道德义务和社会责任。

在工程领域中，权利伦理要求工程师在工程活动中应该充分考虑相关人员的权利和利益，确保工程活动不会侵犯或剥夺他人的基本权利。工程师应尽可能减少对人类尊严的侵犯，确保人的自由和尊严如隐私权、财产权和言论自由等基本权利得到保护。特别是要充分考虑老年人、残疾人、儿童等弱势群体的权利，确保工程活动不会对他们造成不公平的伤害或歧视。

（四）德性论伦理思想

德性伦理学的思想必然要追溯到古希腊三杰。苏格拉底最先开始了"德性是什么"的追问，通过追寻人的各种不同的关于德性的事例中共有的不变本质来探索德性的本质，提出了"德性是知识"的根本命题。柏拉图认为理念是这个世界存在的范型，善的理念、美的理念是人们所追求的终极目标，对德性本质的追求可以认识并获取理念知识。亚里士多德的德性论是一种自然主义的德性论，认为人或事物或研究对象的自然功能与其德性是不可分割的，一个人或一个事物具有好的德性，那么它便具有好的功能，自然功能与德性是内在统一的。德性伦理以"行为者为中心"，关注"我应该成为什么样的人"。

德性伦理学强调个人的道德品质和美德，认为道德行为应该基于德性而非规则。在工程领域中，德性伦理主张工程师应该具备诚实、正直、责任和尊重等基本道德品质，这些品质可以帮助工程师在工程实践中做出正确的道德决策，保护公众利益，确保工程活动的安全和可靠性。德性伦理学也强调道德责任的重要性，要求工程师在工程实践中不仅需要关注技术的解决方案，还需要考虑其应承担的道德责任，他们应该对工程活动的后果负责，并采取必要的措施减少潜在的危害和风险。

二、工程师职业伦理规范的溯源

古希腊医学发达，形成了著名的"希波克拉底誓言"，至今仍然是全球医护人员所遵循的道德规范。而工程师的职业伦理规范则起源于近代工程师职业的兴起，以及工程师群体对自身管理和职业自治的需求。世界各国，特别是欧美等工业发达国家，已经制定和完善工程伦理规范已有百余年的历史。这些规范为工程师在工程设计和创新活动中提供了道德准则和行为指南,极大地提升了工程从业人员的职业水平和创新能力。

(一)国外工程师职业伦理规范的发展进程

工程伦理随着工程师和工程师职业团体的出现而出现。最初,人们认为工程任务会给人类带来福祉,但后来发现工程实践目标很容易受商业利益增长的影响,可能危害公共利益。人们逐渐意识到工程师因为应用现代科学技术而具有巨大权力,要求他们承担更多的伦理义务和责任。从职业的特殊性来看,工程师共同体在强调行业专业化和独立性的同时,也需要加强自身的职业伦理建设。因此,许多西方工程师职业组织在19世纪下半叶开始将明确的伦理规范写入组织章程。

自工程伦理被正式纳入工程实践以来,世界工程伦理经历了四个主要阶段:

1.工程伦理规范酝酿阶段

在现代工程和工程师诞生初期,工程伦理处于酝酿阶段,各个工程师团体并没有将之以文字形式明确下来。伦理准则以口耳相传和师徒相传的形式在行业内部以言传身教的形式传播,其中最重要的观念是对忠诚或服从权威的强调。

2.工程伦理规范出现明文规定

19世纪下半叶至20世纪初,西方工业化较早的国家陆续成立工程师协会,工程师的职业伦理开始有了明文规定,成为推动工程师职业发展和提高职业声望的重要手段。比如1912年美国电气工程师协会制订的伦理准则中,忠诚要求被明确下来,被描述为对职业共同体的忠诚、对雇主的忠诚和对顾客的忠诚,从而达成公众认可和职业自治的目标。

3.工程伦理规范聚焦效率优先

20世纪上半叶,随着现代工程技术的突飞猛进,工程伦理关注的焦点转移到效率上,即通过完善技术、提高效率而取得更大的技术进步。效率工程观念在工程师中非常普遍,与当时流行的技术治理运动紧密相连。技术治理的核心观点之一,是要给予工程师以更大的政治和经济权力。

4.工程伦理规范关注社会责任

在第二次世界大战之后,工程伦理进入关注工程与工程师社会责任的阶段。在美苏冷战和环境恶化的阴影笼罩之下,全球反核武器、环境保护和反战等运动风起云涌。要求工程师投身于公共福利之中,把公众的安全、健康和福利放到首位。工程师逐渐意识到工程的重大社会影响和相应的社会责任,越来越成为各国民众的共识。

(二)我国工程职业伦理规范的制定

1912年詹天佑创立中华工程师会,《中华工程师会简章》宗旨为"发达工程事业,俾得利用厚生,增进社会之幸福",是我国制定工程伦理规范的开端。1931年,中国工程师学会成立,1933年参照他国经验,借鉴ASCE伦理规范基础上制定工程师信条。新中国成立以后中国工程伦理规范在曲折中缓慢发展,建制化程度低,没有制定成文的工程师伦理规范。改革开放以后,很多专业学会也陆续制定具体的工程伦理规范,开启了中国工程伦理规范的建制化进程。中国工程院于 2014 年出台了《中国工程院院士科学道德守则》和《中国工程院院士违背科学道德行为处理办法》，同时还成立了科学道德建设委员会。在一定程度上成为工程师职业道德守则，使工程伦理规范不会成为抽象、空洞的口号。未来中国工程伦理规范的发展趋势应是：设定一致的伦理规范标准，构建工程伦理规范体系；促进职业自主化和国际化，占领国际伦理规范制定主导权；工程伦理规范向智能化方向发展。

人物：中国首位工程师

詹天佑（1861—1919 年），广东省南海县人。晚清首批留美学童，12 岁留学美国，1878 年考入耶鲁大学土木工程系，主修铁路工程。1905—1909 年主持修建中国自主设计并建造的第一条铁路——京张铁路，创设"竖井开凿法"和"人"字形线路，震惊中外；在筹划修建沪嘉、洛潼、津芦、锦州、萍醴、新易、潮汕、粤汉等铁路中，成绩斐然。有"中国铁路之父""中国近代工程之父"之称。辛亥革命后，詹天佑为了振兴铁路事业，和同行一起成立中华工程师会，是我国工程师有团体组织之始，并被推为会长。这期间，他对青年工程技术人员的培养倾注了大量心血，他除了以自己的行为作出榜样外，还勉励青年"精研学术，以资发明"，要求他们"勿屈己徇人，勿沽名而钓誉。以诚接物，毋挟褊私，圭璧束身，以为范例。"中华工程师会的成立对展学术交流活动和推动科学技术事业的发展起到了突出作用，在当时营造了一种积极的学术研究的风气。

三、工程师职业伦理规范体系

工程师职业伦理规范是结合工程师的职业特点而制定的行为标准，是以工程活动为职业的人们所共同遵守的道德准则，是工程师职业责任、职业义务的价值表达。原中国工程院常务副院长朱高峰院士曾指出："品德是每个人所必须具备的，比如社会公德、家庭道德等。但作为工程师仅此不够，还应具有一些特殊的职业道德要求"[①]。他认为工程师的职业道德要求包括事业心、集体主义精神和创造性。

现代工程更多地面向大众，为公众服务，工程对公众、社会和环境承担了更多的责任。"麦克莱恩（G. F. McLean）将工程师所遇到的道德问题分为三个层次：技术道德、职业道德和社会道德。"[②]工程师职业伦理的内容可以按照上述三个主题进行划分。其中技术道

---

① 朱高峰. 面向产业与科教的思考：朱高峰院士文集 制造业与工程教育卷[M]. 北京：人民邮电出版社，2005：324
② 姜波. 将道德标准纳入工程专业教育之中[J]. 高等工程教育研究，2005(3)：57-58，62.

德用于指导处理人与工程之间的关系，包括工程活动中规划设计、技术研发、项目建设等环节的技术决策，工程师要承担工程的质量责任和安全责任。职业道德是指工程师在协调工程活动中人际关系中所需具备道德意识，工程师对雇主的责任、对他人的责任、对合作伙伴的责任等。社会道德是指工程师在工程实践活动中要时刻承担着对社会、公众和环境的责任。

综上所述，工程师职业伦理规范的内容可分为：工程师对待工程专业的道德规范；工程师对待雇主的道德规范；工程师对待合作者的道德规范；工程师对待社会的道德规范。当代工程师的职业伦理规范建设的重点是：诚信品质、敬业精神、团队合作、忠诚担当、奉献社会。

第二节　诚实守信的品质

一、诚信是工程师职业道德的基础

工程与物质世界打交道，涉及客观物质世界的材料、能量和信息，是人类改造自然、为自身的生存和发展创造条件的物质活动过程。工程利用客观规律，改造客观事物，创造物质财富，这个过程是客观的，在本质上必须是诚实的。米切姆等人说："说'诚实的工程'几乎是画蛇添足——如果工程不是诚实的，那么，它就不会是真正的工程了。"工程在现代社会已经与商业行为紧密地联系在一起，具有很强的经济行为的属性，所以，现代工程活动又反映了人与人之间的社会关系。诚实这个反映人际交往规范的道德范畴就与工程有了密切的联系。

诚实是取得信任，建立良好人际关系的重要条件，诚实的要求具有全人类性。"诚"是儒家传统伦理原则之一。《礼记·中庸》"诚者，天之道也；诚之者，人之道也"，认为诚是上天的准则，诚实是做人的准则。朱熹《中庸章句》"诚者，真实无妄之谓，天理之本然也。"诚即是天之道，是上天赋予人的先天本性，也是圣人之德，意味着与客观事实相符合，不敢诈伪，真诚老实。诚实即不说谎，不作假，不为不可告人的目的而欺瞒别人。《中国伦理学百科全书》认为说老实话、办老实事、做老实人，应该成为每一个人的生活准则。

在我国，诚实既是公民道德建设的重点，也是职业道德基本规范之一，是职业道德的分内要求。诚实往往与守信搭配使用，在心理层面体现了一种契约精神，在行为层面要求严格按照专业操守办事，是处理职场关系的基本道德原则。对待自己决不自欺，对待他人坦诚守信，不隐瞒不欺诈，对待工作实事求是，不弄虚作假。诚信是工程师应该具备的基本品质，只有通过诚实守信和遵守伦理规范，才能为工程活动的可持续发展和社会进步做出积极贡献。

二、工程师不诚信的表现形式

美国全国职业工程师协会(NSPE)的伦理章程中提出工程师的五大基本准则,其中有两条准则与诚实相关:第三条仅以客观的和诚实的方式发表公开声明;第五条避免发生欺骗性的行为。美国学者哈里斯等人提出工程中不诚实的具体表现形式有七种:①撒谎,②蓄意欺骗,③压制信息,④没有适当地促进信息扩散,⑤公布秘密的或专有信息,⑥放任自己的专业判断受到腐蚀,⑦没有尽力发现真理。

在我国工程实践中,工程师滥用事实、表现不诚实行为主要集中在以下几个方面:

(一)虚假宣传

虚假宣传是指企业、商家或者个人在商品销售、服务推广等活动中故意发布虚假、夸大、误导性宣传信息的行为。工程师虚假宣传的行为表现形式多种多样,主要有工程师在宣传过程中隐瞒工程项目的潜在问题、风险或质量缺陷,使客户或投标者对项目的真实情况产生误解;工程师在宣传和推销工程项目时故意夸大项目的技术水平、工期进度、质量标准等优势,以吸引客户或投标者。

(二)参与不公正竞争

工程师通过不正当手段获取竞标或招标项目,例如串通投标、提供虚假资料、行贿评标委员等,从而获得不正当利益。工程师在宣传材料、广告或官方网站上发布虚假或误导性的项目介绍、技术规格或业绩成果,以获取不当的竞争优势。工程师在合同或协议中做出虚假的承诺和保证,承诺无法实现的利益或结果,以获取项目或合同的机会。

(三)制造虚假证明和评估报告

工程师伪造或篡改工程项目的证明文件、测试数据、检测评估报告等,以掩盖工程项目的真实情况,误导相关方对项目的判断。工程师可能虚构评估结果,如编造客观指标的数据或评分,夸大项目的优势、减少项目的风险和缺陷,以误导相关方对项目的判断。工程师可能通过贿赂评估人员来获取虚假的评估结果,以获得项目合同或其他利益。

(四)侵犯知识产权

工程师应该尊重他人的知识产权,遵守知识产权相关法律法规,进行合法、正当的技术创新和竞争活动。工程师侵犯知识产权的行为包括以下几种:未经授权使用他人的专利技术,包括复制、制造、销售或使用被他人拥有的专利技术;未经授权复制、发布、传播他人的版权作品,如软件、音乐、电影等,违反著作权法规定;未经授权使用他人的商标,迷惑消费者,获取不当竞争优势;泄露或盗取他人的商业秘密,包括技术方案、产品设计、生产工艺、市场策略等。这些行为严重侵犯了他人的知识产权,损害了创新和竞争的公平性和正常秩序。

以上这些不诚信的行为不仅违背了工程伦理规范,也损害了工程师的职业声誉和社会信任。

三、工程师坚守诚信的职业道德

诚实是工程师的职业道德规范之一,工程师在工程活动中始终要坚守以下三个有关诚信的道德原则。

(一)禁止撒谎或欺骗

工程师应该遵守诚实守信的职业道德,保持诚实、透明和负责任的态度对待工程项目和客户。工程师应该遵循透明原则,确保信息的透明和公开。无论是与客户、合作伙伴还是同事的沟通,都应提供真实、准确的信息,包括项目进度、技术难点、风险等,以便相关方做出明智的决策。工程师应尊重他人的知识产权,在进行技术研发、设计和创新时,要遵守相关法律法规,不得盗用、抄袭或侵犯他人的专利、著作权、商标权等。工程师要保护机密信息,无论是客户的商业秘密还是合作伙伴的技术信息,都应严格保密,确保信息的机密性和安全性。工程师应始终履行自己的承诺,如果无法按时完成或遇到困难,应及时与相关方沟通,并提供解决方案和合理的时间表。

(二)以诚实的方式公布信息

以客观诚实的方式公布信息就是禁止压制信息(除保密信息外),及时适当地传递真实信息,促进信息扩散。工程师如果因个人利益关系或疏忽,向雇主或客户提供有关产品的不实信息、误导性陈述或重大遗漏,这就属于重大信息披露的不诚实。美国土木工程师协会(ASCE)章程规定,工程师一旦通过职业判断发现情况危及公众安全、健康和福祉,或者不符合可持续发展原则,就应告知他们的客户或雇主可能出现的后果。

工程师以诚实的方式公布信息,可遵循以下原则:一是真实准确。工程师在公布信息时,不得故意歪曲事实或提供虚假信息,确保信息的真实性和准确性。二是完整透明。工程师应该提供完整和透明的信息,不得有意隐瞒或省略重要信息,确保相关方对所公布的信息有全面的了解。三是明确表达。工程师在公布信息时,应该用清晰明确的语言表达,避免模糊或含糊其词,以确保信息的清晰度和易于理解。四是尊重隐私权。工程师在公布信息时,不得公布涉及个人隐私或敏感信息,尊重他人的隐私权。

(三)提供诚实的专业服务

工程师在公共事务中的参与越来越多,他们在工程决策、工程事故和工程质量等方面提供专业意见。这些意见包括信息搜集、方案设计和方案评选等活动,对工程的整体情况有着直接的影响,对项目的质量和最终结果起着关键作用。在20世纪50年代,为了解决黄河问题,全国各地的水利专家聚集在三门峡,通过了修建三门峡水利枢纽工程的决定。然而,清华大学教授黄万里反对这一决定,他坚持学术道德,关心民生,顶住政治压力,敢讲真话成为工程师提供专业判断的榜样。

工程师应该为雇主、客户和公众提供诚实的专业服务,始终将公众的安全、健康和福祉放在首位,忠于自己的专业操守。以下是一些提供诚实专业判断的原则:第一,基于事实和数据。工程师的专业判断应该基于准确的事实和可靠的数据,而不应该受到主观偏见或虚假信息的影响。第二,风险识别和管理。工程师在提供专业判断时,应该识别和评估相关的风险,并进行真实、客观的风险评估。第三,维护公平正义。工程师应该明确表达自己的观点、依据和推理过程,以确保专业判断的全面性和准确性,维护公共利益和社会正义。

第三节　严谨求真的态度

现代工程的质量和安全与人们的生活息息相关,国家鼓励企业推行个性化定制和柔性化生产,培养严谨求真的工匠精神,"中国智造""中国精造"成为决策层的共识。工匠精神指的是工匠以极致的态度对待自己的产品,精雕细琢,不断追求更加完美的精神理念。工匠精神就是追求卓越的创造精神、精益求精的品质精神和用户至上的服务精神,目标是打造本行业最优质的产品或其他同行无法匹敌的卓越产品。当前中国正在从制造业大国转变为制造业强国,弘扬工匠精神是时代的需求。现代工程领域的各个环节都应该倡导和发扬工匠精神,工匠精神所包含的职业理念和价值取向与工程师对待专业的职业精神高度一致:爱岗敬业、精益求精、严谨求实、执着专注、开拓创新。

> **人物:大国工匠竺士杰**
> 竺士杰在宁波港的桥吊操作岗位工作 20 多年,能在 49 米高空中"穿针引线",创下每小时起吊 185 个自然箱的世界纪录;他敢为人先、开拓创新,自创"竺士杰桥吊操作法",显著提升了传统桥吊操作效率,能帮助司机在 40 多米的高空"稳、准、快"地完成集装箱装卸作业,大大提高了港口作业的工作效率;他言传身教,成立创新工作室,带领着一大批职工奋勇向前。由于出色的工作表现,竺士杰先后获得全国劳动模范、全国五一劳动奖章、全国技术能手等荣誉。

一、爱岗敬业

爱岗敬业是中华传统美德和社会主义职业道德中最重要的内容。对于当代工程师来说,爱岗敬业体现了他们对所从事职业的认同、敬畏和坚持。

职业不仅仅是谋生手段,也是实现个人人生价值的重要平台。职业认同是个体在职业发展过程中对工作的认可和接纳,在认知、情感、态度和兴趣等方面发展。只有对工作有较高的职业认同感,工程师才能形成稳定清晰的职业目标,积极应对复杂多变的环境,正确面对挫折和克服职业障碍。职业认同让工程师在工作中意识到自己的价值和使命,激励他们投身于工程实践中,提高工作效率。

爱岗敬业还要求工程师对工作存有敬畏之心。科学是人们探索和认识世界的过程,工程则是将科学理论和技术手段结合起来，改造客观世界的实践活动。在这个过程中，工程师既可以利用自然来改造自然，同时也受到外在环境的制约，面临着许多不确定因素。只有对工作存有敬畏之心，坚持职业信仰和职业批判，工程师才能正视自己的不足和局限，在工程建设的各个环节中保持谦虚谨慎的工作作风。

爱岗敬业还意味着对职业的坚守。工程师职业群体是现代化大生产背景下分工细化和专业强化的结果，他们掌握着科学技术，并将这些知识用于推动生产力和改造人类生活。科学技术不断发展和变革，对工程师个人的知识能力和素质提出了多方面的要求。工程师需要面对一个又一个技术难题，并努力攻克它们。优秀工程师的培养不是一蹴而就的，需要长时间的深入研究。在职业生涯中，他们可能面临环境艰苦、待遇不高、研究瓶颈等问题。在浮躁功利的社会风气中，唯有淡泊名利，修炼内心，才能真正做到职业的坚守。

二、精益求精

工业化和全球化时代，精益求精意味着专业负责的工作态度和工作作风。精益求精是工程师必备的职业精神，因为工程师是掌握技术、应用技术的人，是工程技术标准的实际制定者，他们必须严格按照技术标准开展工程建设，制定相关制度，设计操作程序，完善监督制度。工程师只有树立这种精神，才会孜孜以求，不断钻研，学习渊博的专业知识，提高复杂技术的掌控能力；才会一丝不苟地探索项目每个环节，创造出一流产品，提高产业核心竞争力。

工程师在实践中承担着社会民生重大的伦理责任。在这个追求效率和规模化的时代，"精益求精"的传统工匠精神仍然焕发着独特魅力和崭新的时代价值。近年来，全国各地接连出现工程质量问题，比如"短命公路"、豆腐渣安置房、地铁隧道坍塌等。无论是道路桥梁还是高楼大厦，一旦出现质量问题，将会导致重大的安全事故，造成巨大的经济损失，甚至以生命为代价。重大工程安全事故频发，工程质量不高很大一部分原因就是工程实践中抢时间、赶进度，忽视工程质量，缺乏精益求精、认真负责的职业精神。

后工业时代的机器生产推动生产力发展。在追求速度和效率的同时，也带来了产品的同质化和去个性化。瑞士有着全球著名的钟表产业，瑞士工匠原来是为教堂做大钟，后来随着历史发展开始生产小表，但这种工匠精神传承下来，技术标准严格苛刻，每件产品、每道工序都追求精益求精。2015年中国提出"中国制造2025"的战略规划，在未来10年实现由工业大国到工业强国的转型，这一目标实现的关键在于从根本上提升中国制造的质量。工程活动中的精益求精就是注重细节，追求完美的产品质量，竭力为社会提供最好的产品和服务。工程师要改进技术，优化程序，不断追求卓越。

三、严谨负责

工程活动的性质决定了工程师需要以严谨负责的态度投入工程活动，一丝不苟地去处理每一个细节，确保工程活动的安全、顺利和高效进行。工程建设是一个复杂的过程，由很多复杂系统构成,每个部分都要竭力追求百分之一百的精确性,极细微的误差一旦累积,也会造成很多未知的风险,导致严重后果。工程活动涉及大量的人、财、物资源,以及复杂的技术和管理工作,一旦出现疏漏或错误,可能会导致严重的安全事故、质量问题和环境影响。

作为一名工程师,需要以谨慎、细致、负责任的态度来对待工作。工程师在工作中需要仔细审查设计方案、严格控制材料质量、规范施工操作,任何一个环节的疏忽都可能导致工程问题的出现。因此,工程师需要以严谨负责的态度来对待每一个工作环节,确保工程活动的质量和安全性。在工作中,工程师需要不断学习和提升自己的技能和知识,以严谨负责的态度处理工作中的每一个问题,提高工程师的职业素养和专业水平,为个人职业发展打下坚实的基础。

工程师对工程的质量和安全性承担着巨大责任,他们在工程决策、设计、实施、评估过程中必须坚持严谨、认真、细致的工作态度。工程师要严谨负责,任何数据、指标、技术参数都要经过反复计算和测量,设计的精确性也是从无数次枯燥重复的试验操作中得来。工程师不能因为外形美观或经济考量而忽视设计安全性,或者当工程决策意见不一致时,就盲目服从权威。工程师要秉持实事求是的原则,虚心听取多方意见,接受复核和监督,及时规避风险。

> **案例:工程师之戒**
>
> 1900年,在加拿大魁北克大桥桥梁设计和建造过程中,工程师库珀为了节省桥墩费用增加了桥梁主跨度,忽略了对桥梁重量的精确计算,下弦杆存在着设计缺陷,导致桥体实际承载量远低于设计承载量,工程的监管工程师也没有有效地履行监管责任。1907年8月29日即将建成的大桥发生垮塌,75名工人罹难。1916年9月再次修建过程中,悬臂安装时一个锚固支撑构件断裂,桥梁中间段再次落入圣劳伦斯河中,并导致13名工人丧生。1922年魁北克大桥竣工不久,加拿大的七大工程学院一起出钱将建桥过程中倒塌的残骸全部买下,打造成一枚枚戒指,用来纪念这起事故和在事故中被夺去的生命。这一枚枚戒指就成了后来在工程界闻名的工程师之戒(Iron Ring),作为对每个工程师的一种警示。

四、执着专注

工匠精神的核心是对工作的坚守。无论是世界流行的资本运作还是互联网金融,德国一直专注于工业制造业的发展。德国制造业的专注和执着成就了"德国制造"。在欧债危机背景下,德国先进制造成为德国经济的强大支撑。1876年费城世博会时,德国产品被视为"低劣产品"的代名词,英国甚至发起抵制德国产品的运动。然而,德国通过技术改造和严格控制质量,大力发展实体经济,孕育了一批全球知名企业,实现了"德国制造"的华丽蜕变和持续繁荣。专注和执着是"德国制造"的核心文化之一。一些企业能够几十年甚至几百年专注于某一产品领域。

工程师需要科学精神和理性逻辑,同时还需要对工作的热爱和追求。只有执着专注于技术与工艺,才能成就专业的精湛。专业领域的深入探索是一个漫长、寂寞甚至艰难的过程,需要脚踏实地,心无旁骛,能够承受寂寞,经得起诱惑。一旦确定了方向,就要全身心地投入,将所有智慧和时间都集中在一个焦点上,坚持不懈、持之以恒地奋斗和努力,不断追求极致和完美。

> **案例:"永不松动的螺母"**
>
> 　　日本拥有全球最多的百年老店。由于资源匮乏,他们不追求做大做全,而是专注于一个产品或者一种技术,并坚持不懈地追求。有些行业甚至出现了十几代人只做一件事的家族。例如,日本哈德洛克工业株式会社生产号称"永不松动的螺母",创始人若林克彦花了二十年的时间研究这个小小的螺母。该公司积累的独特技术和诀窍是哈德洛克螺母无法被模仿的关键所在。因为卓越的抗震性,哈德洛克的螺母被广泛用在高速列车之上,尽管哈德洛克螺母价格昂贵,但仍然颇受欢迎。在我国制造的高铁上,也有哈德洛克螺母的身影。这是一种追求完美的极致精神。如果要研究一个领域,就必须做到极致。

五、开拓创新

工程本身是在具体环境和条件下的实践活动,工程师在工程实践中认识自然,并在认识的基础上改造自然。认识是能动地反映和创造过程,改造自然更是工程师从事工程活动的目的性和自然界规律性结合的现实过程,开拓性、创造性是工程实践的本质特征。"工程活动的灵魂是创新。作为一个异质要素的集成过程,工程创新中不但包含着技术创新的内容,而且常常包含着管理创新、制度创新等方面的内容,这个过程的重要产物就是具有新质的'工程系统'和一种新的'生活方式'。工程创新是一个国家创新活动的主体部分。"[①]创新性对工程来讲是普遍存在的,工程不是简单的技术应用,工程活动必须根据客观情况选择最合适的技术方法。当前我国将建设创新型国家作为面向未来的重大战略,而工程创新就是其中关键性的内容和环节。

"具体到工程领域,创新能力是指工程人才在大量的工程实践中发现新的工程问题,根据经济社会发展需要发现社会对产品、技术、工艺和装备等方面的新需求,以及由自身的理想和愿望形成新的工程目标,提出解决这些新问题、新需求或新目标的思路、方案、途径或手段,并通过创造性工程实践活动解决这些工程问题,研究、设计和开发出新的产品、技术、工艺和装备以及实现新的工程目标的能力。"[②]工程师的创新能力是由知识视野、创新意识、创新思维、创新技能、创新素质等要素相互作用而形成的综合能力。

面对时代发展所带来的技术难题,必须通过不断的技术创新来提高生产效率。因此,

---

① 李伯聪,等.工程创新:突破壁垒和躲避陷阱[M].杭州:浙江大学出版社,2010.
② 林健.卓越工程师创新能力的培养[J].高等工程教育研究,2012(5):7.

工程师应具备独立的认知态度和怀疑批判的精神。他们需要学习借鉴前辈的经验和知识，同时摆脱思想束缚，挑战权威，开发自己的想象力和创造力。他们应本着对专业负责的态度，不断提出问题并解决问题，以开拓创新的方式推动技术的进步。

第四节 担当奉献的品格

工程担当是指工程师具有高度的责任感和执行力，保证完成项目的高质量和时效性；奉献是指不求回报与代价的付出。担当奉献体现了工程师对职业和社会的责任和承诺。在传统的职业道德中，更强调工程师应该对雇主或客户忠诚，尽职尽责地完成工作任务，维护雇主或客户的利益和声誉。在现代社会，工程师应该将公众利益置于首位，确保工程项目的安全、可靠和环保，不以任何方式损害公众利益。通过客观公正、服务奉献和担当负责，实现工程师对工作和社会的忠诚。

一、客观公正

客观是指按照事物本来面目去考察，不添加个人的偏见；公正是指公平、正直、不偏袒。客观公正是工程师承担社会责任的第一要义，是工程师职业属性和专业能力要求的集中反映，是重要的职业道德内容。无论从事项目管理还是技术服务工作，工程师的职业属性决定其往往涉及多方利益，不可避免地受到金钱诱惑、人情关系等方面的干扰，甚至受到被管理对象、技术服务客户、上级领导及政府监管部门等多方面的压力。工程师在执业过程中一旦丧失客观公正性，就会导致决策失误、资源浪费、社会不公、贪污腐败、效率低下等一系列后果，不仅影响项目本身，还可能对相关方利益和社会产生深远影响。工程师要做到客观公正，可以从以下几个方面入手。

（一）坚持科学真理

客观公正执业的前提是扎实的专业基础。离开专业支撑，客观公正就是无源之水，只能是纸上谈兵。工程师应该基于科学知识和实证数据进行工作，避免主观偏见和个人意见的干扰，以客观的态度分析和解决问题。工程师应该积极收集和整理相关信息，包括技术文献、实验数据、专家意见等，以获取全面的背景资料。他们应该主动寻求不同观点和意见，包括利益相关方的看法，以便能够全面、客观地评估和判断。

工程师应该保持不断精进的学习态度，关注行业领域的前沿成果和发展趋势，不断学习和提升自己的专业知识和技能，以跟上行业的发展和变化步伐。工程师通过了解最新的技术和标准，在工作中保持科学性，提高工作质量。工程师在工程实践中需要细致入微地检查每一个细节，确保工作的质量、准确性和精细度。工程师要坚持工作的标准化，以确保工作的可重复性和可靠性。

工程师需要遵循科学方法、尊重客观事实。在工作中，工程师需要运用科学方法来分析和解决问题，以确保工作的科学性和准确性。工程师应该以事实为依据，不随意改变数据或实验结果，以确保结果的准确性。工程师需要收集准确的数据和信息，不随意更改或捏造数据。同时，要尊重他人的意见和建议，以寻求最佳解决方案。

工程师还应虚心接受反馈并持续改进工作。工程师应该不断寻求改进自己的工作和方法，以提高效率和质量。通过接受他人的反馈，工程师可以发现自己的不足之处，进而改进自己的工作和方法。在工作中，工程师需要不断寻找问题和改进空间，不断优化自己的工作流程和方法。同时，要鼓励团队成员提出改进意见，以推动团队工作的持续改进，实现团队的发展和进步。

（二）做到公正执业

工程师在执业过程中，应遵循公平正义的原则。进行工程设计、施工、监理等工作时，工程师应保持客观、公正的立场，不受利益驱使，确保工程质量和安全。工程师在参与项目投标、招聘等活动时，应遵循公平竞争的原则，不搞不正当竞争，不损害他人利益。在面对利益冲突时，应以公共利益为重，遵循法律法规和职业道德规范。

工程师应该保持独立，不受任何外部利益的影响，他们的决策应该基于技术和道德准则，而不是个人利益。工程师可以采取以下措施来避免利益冲突：一是识别潜在的冲突。工程师应该对自身的利益、利益相关方以及可能涉及的利益冲突进行全面的分析和评估，识别潜在的利益冲突，并及时采取措施加以应对。二是保持独立性。工程师应该保持独立的职业判断和决策能力，不受他人的影响或利益驱使。工程师应该遵循职业道德和行业准则，避免接受与工作相关的礼物、回扣或其他不当利益，坚持以客观、公正的态度对待工作。三是独立审查和监督。工程师应该遵循所在组织的规定和政策，特别是关于利益冲突的规定。工程师应该主动披露与工程项目相关的利益关系，确保决策的透明度和可追溯性。

（三）贯彻知情同意

知情同意是尊重个人自主权和隐私权的重要原则，也是保护个人权益和人格尊严的基础。在医疗领域，患者的知情同意权早在18世纪就已经提出来。知情同意是医生与患者之间进行医疗决策的重要依据，医生必须向病人提供作出诊断和治疗方案的根据，即病情资料，并说明这种治疗方案的益处、不良反应、危险性及可能发生的其他意外情况，使病人能自主地作出决定，接受或不接受这种诊疗，也称知情许诺或承诺。现已成为法学理论上承认的一项基本权利，列入我国《消费者权益保护法》给予消费者的9项权利之一，包括"知情"和"同意"两项权利。

在工程活动中贯彻社会公众的知情同意原则至关重要。一是透明公开。在工程活动的各个阶段，及时向大众公开相关信息，包括项目的目的、范围、影响等。通过公开透明，让大众了解项目的背景和目的，为他们提供参与决策的机会。二是公众参与。鼓励和促进公众参与工程活动的决策过程。可以通过公开听证会、公众会议、问卷调查等方式，征求公众的意见和建议,并将其纳入决策过程中。三是提供信息。向社会公众提供足够的信息,包括工程活动的风险、影响以及可能的后果。确保信息的准确性、易懂性和完整性,以便公众能够全面了解项目,并做出知情的决策。四是教育和宣传。通过组织公开讲座、工作坊、展览等教育和宣传活动,向大众介绍工程活动的重要性、影响和风险,提高大众对工程活动的认知和理解。

二、服务奉献

马斯洛需求层次理论表明,自我实现需要是需要层次中的最高层,属于成长性需要,是人的存在的最高、最完美、最和谐的状态。心理学家阿德勒讲"奉献乃生活的真正意义",无私奉献、服务社会的传统美德,既是社会进步和企业发展的需要,更是工程师恪守职业道德、追求自我完善的要求。服务是指为人民群众服务,工程师应当始终把人民群众的利益放在首位,将自己的工作与服务于社会、服务于人民的目标紧密结合起来。奉献是指工程师通过工程活动奉献社会,既为社会提供优质的工程产品和服务,又通过推动科技创新和参与公益事业,为社会发展和进步做出积极贡献。

新发展阶段我国工程师应当以服务群众、奉献社会为己任,通过提供优质的工程产品和服务、关注社会问题和需求、积极参与公益事业、推动科技创新和可持续发展,以及弘扬职业道德和职业精神等方式,为社会发展和进步做出积极贡献。一是提供优质的工程产品和服务。工程师应当保持专业素养和技能水平的提升,不断提高自己的专业能力,以高标准、高质量完成工程项目,确保工程产品的安全可靠、环境友好,满足人民群众的需求。二是关注社会问题和需求。工程师应当关注工程项目的整体效益,注重发挥工程项目对社会经济发展的作用。工程师也可以积极参与公益事业,参与科普教育,为社会发展提供技术支持和解决方案,提高公众对工程领域的认知。三是推动科技创新和可持续发展。工程师应致力于解决社会问题和环境挑战,积极参与科技创新,推动科技进步和社会发展,为可持续发展做出贡献。

三、担当负责

担当负责包括两个方面的含义:一是做好职责范围内的事,称为积极负责;二是为没有做好工作而承担相应的后果,称为消极负责。担当负责是担当精神、责任感和担当负责行为的统一。有权必有责,有责要担当,失责必追究,担当负责是工程师在工程活动中重要的个人品质。工程师在新时期要担当负责,需要不断提升自身的专业素养,遵守规范和标准,注重风险管理,关注环境保护,承担社会责任。

首先,工程师应该进一步增强自身责任的意识。工程师需要明确自己在工程项目中的职责和角色,清楚自己的任务和目标,并时刻牢记自己的责任范围。工程师应该紧跟行业的最新发展,不断学习和提升自己的专业知识和技能,以更好地履行自己的责任。工程师应该关注工程活动对环境和社会的影响,并采取相应的措施来减少负面影响。工程师推动绿色、可持续的工程发展,为社会和环境作出贡献。

其次,工程师要切实履行岗位职责。作为工程师,他们应该具备以下几个方面的职责:设计和规划,工程师应根据项目需求和技术要求,制定合理的设计方案,并确保设计符合相关标准和规范。施工和监督,工程师要负责施工过程中的监督和管理。质量控制,工程师应制定质量管理计划,进行质量检查和测试,并采取适当的措施来纠正和预防质量问题。安全管理,工程师要负责安全管理,确保工程活动的安全性。

最后,工程师也要敢于揭发问题。工程师发现所在的企业或公司进行的工程活动会对环境、社会和公众的人身安全产生危害时,应该及时地给予反映或揭发。"检举揭发指员工揭露雇主违法的、不道德的以及非法的行为,从而促使雇主采取纠正行为。检举揭发具有风险,原因在于管理者和其他员工有时会冷酷地对待检举者。"[1]揭发通常被认为有损组织利益,带来负面影响,是对组织的不忠诚。但工程师对雇主的忠诚要受到更高社会责任的制约,因为各工程师协会伦理章程规定,工程师更高的义务是将"公众的安全、健康和福祉置于首位"、"运用他们的知识和技能改善人类福祉和环境"。工程师的揭发在下述条件下被认为是道德上允许的:①报告的实际或潜在的伤害严重;②这种伤害已经被适当地记录下来了;③这些关注已经报告给直接的上级;④在没有从直接上级那里得到满意的结果后,使用了机构内部的常规渠道,以使关注达至最高管理层;⑤存在合理的希望,即揭发能够防止或纠正伤害。[2]

第五节　团队合作的精神

随着人类工程实践的深入开展,工程项目的复杂性和系统性日益增加。现代工程项目往往涉及多个学科,需要不同领域的工程师进行合作。随着工程活动规模的不断扩大,涉及的技术和人际关系也变得越来越复杂,加上现代技术的迅猛发展,工程师靠单打独斗已经无法适应工程实践的时代要求。因此重视团队精神培养已经成为工程师综合素质培养的重要内容,在尊重工程师个人的兴趣和成就基础上,发扬全体成员的大局意识、协作精神和服务精神,才能保证工程项目的高效率运转,完成组织的任务目标。

一、团队合作精神的基本内涵

工程师工作的性质决定,角色任务往往是团体做出的,而不是一个个体。现代工程师

---

① 路易斯·R.戈梅斯-梅西亚,戴维·B.鲍尔金,罗伯特·L.卡迪.人力资源管理[M].刘宁,蒋建武,张正堂,译.北京:北京大学出版社,2011:448.

② 迈克·W.马丁,罗兰·辛津格.工程伦理学[M].李世新,译.北京:首都师范大学出版社,2010:191.

在项目立项、产品开发和技术创新的工程活动中，整个过程都是以技术为基础，并且以团队的形式开展工作。一个人的力量，总是有限的，团体的力量则不单单是 $1+1=2$，而往往是 $1+1>2$。

（一）团队合作是工程师的存在方式

在社会分工趋精细化的时代，任何一个工程项目都是不同专业的工程人员之间合作的结果，因此任何一个职业人员都离不开与他人的合作。以电动自行车的设计为例，设计工程师要考虑社会实际的个性需求，要考虑电动自行车使用的地域是平原还是丘陵，当地气候条件怎么样；制造工程师要考虑骑行者的舒适度，把手和踏脚板位置，车架的高度和角度；现场工程师确保工程按设计与规范进行，解决现场问题。现代大工程项目，诸如"曼哈顿工程区"、港珠澳大桥、三峡水电站等超级工程项目的设计和施工，更是需要不计其数的工程人员之间的深度合作。许多工程事故往往是工程人员之间的信息沟通交流不畅，技术视野狭窄，致使工程产品或工程程序作为一个系统的功能未能运转而造成的。工程师只有树立起工程合作的价值观念，才能真正实现造福人类。

（二）团队合作的一般规定

合作与竞争并存，探讨合作的一般规定，离不开竞争的视野。合作和竞争是相互联系、相互影响的两个概念。它们可以在一定的条件下相互转化，也可以同时存在。在某些情况下，合作可以促进竞争，竞争也可以促进合作。在竞争中，竞争对手之间可以通过合作来共同面对更大的市场挑战。同样，在团队合作中，竞争也可以激发团队成员的积极性和创造力，从而促进整个团队的发展和进步。

> **案例：分享良种的农夫**
>
> 美国南部有一个州，每年都举办南瓜品种大赛。有一个农夫的成绩非常优秀，经常是优等奖的得主。他得奖后，总是毫不犹豫地将得奖的种子分送给街坊邻居。有一位邻居很惊讶地说：你的奖项得来不易，投入大量的时间和精力来做品种改良，为什么还这么慷慨地将种子送给我们呢？这位农夫回答说：我将种子分给大家，帮助大家，其实也就是帮助我自己。原来，农夫所居住的城镇是典型的农村生态，家家户户的田地都是相连的，农户将得奖的种子分给邻居，邻居就能改善他们的南瓜品种，也可以避免蜜蜂在传递花粉的过程中将邻近较差品种的花粉带来而污染自己的优良品种。

团队合作是指团队里面通过共同的合作完成某项事情。团队合作是一群有能力，有信念的人在特定的团队中，为了一个共同的目标相互支持合作奋斗的过程。它可以调动团队成员的所有资源和才智，产生一股强大而且持久的力量，给予那些诚心、大公无私的奉献者适当的回报。因此理解工程合作，需要把握四个方面：第一，工程合作是社会分工的结果，具有客观必然性；第二，工程合作的主体是工程人员；第三，工程合作的对象是同事同行，这就表明工程人员首先要与一个组织单位内的同事合作，其次要与非组织单位内的同行合作;第四,工程合作强调的是友好相处的行为。

(三)团队合作精神的内涵

团队精神是工程师职业道德规范体系中的核心内容之一。"团队精神"的英文是team spirit,国外首次提出这个概念是在20世纪70年代,最初是指"群体为实现某一特定目标,通过主动调节内部的矛盾和行为,而呈现出通力合作、一致对外的精神面貌。"到20世纪90年代,"团队精神"的概念传入我国并引起了很多学者的关注,不同学者的观点见仁见智,如把"团队精神"理解为"相互支持",突出团队成员对相互鼓励、帮助和支持;理解为"共享目标",把团队精神与团队成员共同追求的目标相关联。

团队成员为了团队的利益和目标而相互协作,将个体利益与整体利益相统一,实现组织高效率运作的理想工作状态,是成功团队的特质。工程师团队合作精神是指工程师在团队中相互协作、互相支持、共同努力,追求共同目标的一种价值观和行为准则。它包含以下几个方面的基本要求:

一是信任与尊重。工程师应该相互信任,尊重彼此的专业知识和能力,成员之间建立信任和尊重的关系是团队合作的基础。二是合作与协调。工程师应该主动与团队成员合作,积极参与团队活动和项目,善于协调和处理团队成员之间的冲突和分歧,以达到团队整体利益最大化。三是沟通与分享。工程师之间会存在知识、能力、经历差异,在对待和处理工作时会产生不同的想法,应该积极主动地与团队成员进行沟通,分享自己的想法和观点。有效的沟通是团队合作的关键。四是互补与协同。团队中的每个工程师都有自己的专业领域和技能,应该充分发挥各自的优势,互相补充和协同工作,共同提高团队的综合能力。

二、团队合作是工程师的基本能力

团队合作是一种主流的企业文化,许多工程问题,起源于团队成员交流缺乏,以及项目管理不充分。工程是技术管理活动,项目管理与团队合作是工程的关键。工程团队合作强调工程师的忠诚,强调正确处理管理者与工程师、工程师与工程师的团队合作关系,强调工程共同体内部各种冲突的管理。

(一)工程师与管理者的团结合作

在实际工程实践中,工程师往往会面临与管理者之间的摩擦。管理者是从经济的角度去考量一个工程,更关心工程的经济效益;而工程师则要从技术专业的角度来考虑问题,更关心工程的安全与质量。管理者更关注经济效益,为了降低成本,可能会认为工程师为了追求安全和标准而走得太远,以致成本过高,降低了利润和市场。现代组织结构下,管理者通常拥有支配工程师的权力,而工程师则拥有专业方面的优势。很多工程项目的管理者本身并不是工程师出身,并不具有工程专业技术,这使得管理者与工程师二者的交流更加困难。

服从领导和管理者,与他们相互支持,友好相处,进行有效的合作,这是工程师作为一名雇员对领导和管理者应有的行为和态度。这需要管理者与工程师双方更多真诚的交流,通过交流,找出共同点和差异处,最终达成一致或妥协,而不是非要"东风压倒西风"。在当前中国,工程师在工程决策中,相较管理者,弱势的情况则更为普遍,甚至是一种"无权"的状态。在很多时候,工程师迫于管理者的压力,而改变自己的观点。但工程师是技术专家,应该有自己的独立见解,保持对管理行为的技术判断和道德判断的能力。当雇主和管理者的要求违背基本的技术要求和基本道德标准时,工程师要负起独立的担当,给予不支持和反对,不能以"决策不是我做出的,我只是执行者"来安慰自己的道德良心。

(二)工程师与同事的团结合作

在团队中,工作同事的关系比较微妙。同事是利益共同体的伙伴,又是内部利益的可能竞争者,但同事的关系主要还是共同体关系。处理好同事的关系,重要的是处理好名利的分配。工程活动建立在同事之间对所担当的角色和合作关系的明确理解上,在开始确定合作关系时,就需要讨论合作关系中的细节问题并达成协议。

工程师与同事之间在进行项目合作之前应该明确工程目标、职责范围、时间表和预算等,以确保大家在对项目有明确共识的基础上进行合作。团队成员应该明晰各自的职责和分工,并确定协作的方式和流程,以确保工作的顺利开展和高效协调。团队成员之间应该确定使用的技术和工具,以及沟通和交流的渠道、流程和方式,将团队成员的协同合作落到实处,确保信息畅通,及时解决问题,避免出现信息断层而产生不必要的误解。团队成员之间还应就知识和经验如何共享以及成果的归属达成一致。这些工作可以帮助工程师和团队在合作中保持一致,提高工程效率,减少沟通成本,及时解决问题,并实现工程项目的最终完成。

三、团队合作精神培养

熟悉和接受团队精神最快的是从事管理研究的学者,以及部分大型企业的高级管理人才。工程师和一般的科技人员不太关心管理理论的发展情况,团队精神普及度较低,影响了高效团队的建设。现代工程师在工作中面临复杂多样的项目和任务,因此团队合作能力对于他们来说非常重要。以下是一些方法,可以帮助工程师培养团队合作能力。

(一)培养团队合作意识

任何工程项目都是一个团队的集体努力,单个人的能力再强也无法承担整个项目。因此,同事之间应该建立起"共同体"的意识。一是建立明确的团队目标。确保团队成员对项目的共同目标有清晰的认识和理解,激发他们的合作意愿,明白只有通过团队合作才能实现目标。二是培育共同价值观。拥有共同的价值观可以让团队成员更加紧密地联系在一起,这是团队合作能长久进行下去的根本保证。工程共同体要为团队制定一些共同的价值观和行为准则。三是建立良好的反馈机制。通过奖励制度或激励措施为团队成员提供及时、准确的反馈,帮助他们了解自己的表现和改进的方向。

(二)丰富团队合作实践

国内的团队精神研究与建设是从外部传入的,我国工程师接受和培养团队精神需要一个实践锻炼的过程。工程师需要与团队成员建立有效的沟通、协作和分工,以实现项目的目标。一是提高沟通能力。沟通是团队合作的关键,可以通过组织团队建设活动、定期召开会议等方式来促进团队成员学会与其他成员进行有效的沟通与交流。二是发展协作能力。协作是团队合作的核心,工程师应该积极培养协作能力。包括工程师主动寻求与他人合作的机会,理解和尊重他人的观点,以及愿意分享自己的知识和经验。三是建立信任。团队成员之间的信任是团队合作的基础,因此任何成功的团队需要建立一个公正、透明、开放的工作环境,让每个团队成员都能在工作过程中感受到自己是被其他人尊重和信任的。

(三)提高团队合作效率

高效的团队合作可以让企业更加成功,也可以让工程师个人更快地成长。团队协作不一定可以提高效率,只有成功的团队协作才可以提高效率。工程师之间的内耗和冲突往往会使整个团队变得平庸,在这种情况下,1+1不仅不会大于或等于2,甚至还会小于2,降低整体的工作效率。要提高团队合作效率,可以考虑以下几个方面:根据每个工程师的专长和能力,合理分配任务,确保每个人都能发挥最大的潜力。给予工程师团队一定的自主管理权和决策权,让他们能够根据实际情况做出灵活的调整和创新。营造积极向上、合作共赢的团队文化,鼓励团队成员之间的合作和互助。建立良好的沟通渠道和反馈机制,让团队成员能够及时交流信息、解决问题和取得反馈。工程共同体应该建立公平和公正的员工待遇制度,建立积极的工作环境,确保工程师能够获得公正的薪酬、晋升和奖励机会。公平的待遇能够增强工程师对组织的信任和忠诚度。

复习思考题

1. 简述工程师职业道德的体系结构。
2. 简述诚实与工程师的职业道德。
3. 简述工匠精神对工程师职业精神的启示。
4. 工程师的忠诚与揭发是否矛盾?
5. 工科大学生如何培养团队精神?

案例分析题

汉芯事件(Hanxin events)是指2003年2月某高校微电子学院院长陈某发明的"汉芯一号"造假,借助"汉芯一号",陈某又申请了数十个科研项目,骗取了高达上亿元的科研基金。中国亟待在高新科技领域有所突破,自主研发高性能芯片是我国科技界的一大梦想。陈某利用这种期盼,骗取了无数的资金和荣誉,使原本该给国人带来自豪感的"汉芯一号",变成了一起让人瞠目结舌的重大科研造假事件。最终在2006年5月,该高校正式通报了"汉芯"系列芯片造假的调查结论,陈某也被撤除了包括院长在内的所有职务,其他荣誉头衔也被纷纷取消。在浪费了大量研发资金以及宝贵的5年多时间之后,相关研发被全部停止。

请你谈谈汉芯事件对工程师职业道德建设的经验教训。

第四章 工程师职业伦理责任

工程师的责任就是他在工程活动中必须履行的角色责任。德国哲学家康德认为"每一个在道德上有价值的人,都要有所承担,不负任何责任的东西,不是人而是物"。工程师作为工程活动的主体,其基本职责是把工程干好。现代复杂社会体系中的工程活动,既涉及工程业主的利益,也涉及社会公众的利益,还涉及自然环境的利益。相关的法规制度对工程师的行为约束十分有限,工程师的伦理责任在工程实践中至关重要。

第一节 责任与工程师职业责任

工程直接关乎人们的福利和安全,因而在远古时代,工匠的活动就要受到道德和法律的制约。例如早在古巴比伦时期,汉谟拉比法典(约公元前 1758 年)对建筑房屋的建筑者的责任就规定:"如果一个建筑者给一个人建造了一个房子,但他的工作做得不太好,他建造的房子倒塌了,并造成房子的主人死亡,那么,这个建筑者应当被处死;如果造成房子主人的儿子死亡,那么,建筑者的儿子应该被处死;如果造成房子主人的奴隶死亡,那么建筑者应该用自己的奴隶偿还房子主人;如果毁坏了财产,那么建筑者赔偿所有毁坏的东西。而且因为他没有建好他建的房子且房屋倒塌了,他应当用自己的财产重新建起倒塌的房子。如果建筑者为一个人建造房子,他没有做好工作,墙皮脱落了,那么这个建筑者应当用自己的钱将墙修到完好的状态。"[①]那么,什么是工程师的伦理责任呢?

一、什么是责任

(一)责任的概念

"责任(responsibility)"源于拉丁语"respondon",是回应、响应之意。所谓责任,基本含义有两个:一是指来自对他人的承诺,或者是职业自身的要求,或者是道德规范和法律法规的规定,也就是个人或团体分内应做的事、应完成的任务;二是指没有做好自己的工作,而应承担由此引发的不利后果或强制性义务。责任常用于伦理学和法学理论以及司法实践中,其核心是指人们应该对自己的行为和行为产生的后果负责。

---

① 张永强.工程伦理学[M].北京:北京理工大学出版社,2011:89.

（二）责任的分类

（1）责任可以分为道德责任和法律责任。道德责任是人们对自己行为的过失及其不良后果在道义上所承担的责任。如一个人在公共场所，就要承担遵守社会公德的道德责任：包括尊重他人、对人诚信、文明礼貌、乐于助人、爱护公物等道德规范。工程师应承担的职业道德责任主要有：精益求精、开拓创新、团队合作、实事求是、爱岗敬业等。如果一个工程师剽窃了他人的成果，就要受到道德谴责。

法律责任属于"事后责任"，是指行为人的违法行为、违约行为，由于法律规定而应承受某种不利的法律后果。法律责任为社会成员划定了一种行为底线，相对于法律责任，伦理责任对责任人的要求更高。

按照违法行为的性质和危害程度，可以将法律责任分为：刑事法律责任、民事法律责任、行政法律责任、国家赔偿责任和违宪法律责任。这里重点介绍工程活动中的民事责任和刑事责任。

一是工程活动中的民事责任。工程活动涉及的民事责任是指工程活动的主体在民事活动中，因实施了民事违法行为，根据民法应承担的不利的民事法律后果。民事责任又可以分为违约责任和侵权责任。比如施工单位违反质量管理规定导致工程质量不符合规定的质量标准，需要负责返工、修理，并赔偿因此造成的损失。

二是工程活动中的刑事责任。工程活动中的刑事责任是指工程活动的主体违反了刑法，实施了犯罪行为，应承担的法律责任。在工程领域，常见的刑事法律责任有：工程重大安全责任事故罪；重大责任事故罪；重大劳动安全事故罪。

（2）积极责任和消极责任。积极责任也叫作预期责任，它要求工程师采取积极行动，主动承担社会责任，防止技术的负面后果产生，实现积极的影响。消极责任也叫过失型责任。消极责任是没有做好自己的工作，而应承担的不利后果或强制性义务。一个行为要承担消极责任，其行为应当包括四个要素：不当行为、因果关系、可预见性、行动自由。

不当行为是指工程主体包括工程师个人或机构在执行工程任务时违反了职业规范或做错了事。工程的质量事故往往与工程建设过程中发生了不当行为有正相关性。据统计，80％以上的工程质量事故是由不当行为引发的。

因果关系是指行为与结果之间有引起与被引起之间的关系。责任理论认为，行为人承担责任的一个重要条件就是行为人的行为和结果之间存在因果关系。

可预见性是指一个人对事物发展的预判和前瞻。无论是个人还是组织，要对事件的风险有预见性，要能预测到可能产生的后果。如果一个人根本没有办法预料可能发生的后果，那么行为人就不需要承担责任。工程活动是具有风险性的，工程师是工程技术的开发者、使用者，是经过特殊训练的拥有专业知识的特殊群体，他们在工程风险的预见性方面肩负着不同于其他人群的特殊责任。

行动自由。自由意志是道德责任和法律责任成立的前提。作为一个公民，要为自己的行为承担法律的、道德的责任,前提是他必须有行动的自由。即他或她的行动必须不是被迫的,是自己做出的决定。一个人对自己做出决定的行为,就要对行为的后果承担相应的责任。如果行为主体缺乏自由意志,那么他们要么不用承担责任,要么是在较小的程度上承担责任。

(3)伦理责任与职业责任。职业责任是工程师履行本职工作时应尽的岗位(角色)责任,而伦理责任是为了社会和公众的利益而需要承担的维护社会公平和正义等伦理原则的责任。工程师的伦理责任一般说来要重于职业责任。如果工程师所在的企业作出了违背伦理的决策,损害了社会和公众的利益,工程师只有坚守伦理责任才能切实保护社会和公众的利益。

二、道德治理中的责任伦理

20世纪科学技术得到了巨大的发展,也给人类带来了很多新的问题,越来越多的学者反思技术文明。"责任伦理"概念最初由德国著名哲学社会学家马克斯·韦伯于20世纪初提出,韦伯晚年对"信念伦理"和"责任伦理"进行了区分,他强调在行动的领域里,责任伦理优先于信念伦理。德国学者汉斯·约纳斯(Hans Jonas,1903—1993年)对人类的生存进行了深入的思考,在伦理学中引入了新的维度——责任伦理。在1979年出版的《责任原理:技术文明时代的伦理学探索》一书中,约纳斯明确提出,科技进步远高于伦理进步,必须建立一种新的伦理维度,即发展一种预防性、前瞻性的责任意识,通过提高设计主体的责任,约束与规范科学技术发展。这标志着责任伦理学的兴起,责任问题引起哲学家或应用伦理学家们的普遍关注,拓展成为蕴含丰富伦理内容的概念。

人物:马克斯·韦伯

马克斯·韦伯(1864—1920年),德国著名哲学家、社会学家、政治学家和经济学家,是一位少有的跨学科奇才,被称为"欧洲文化之子"。他提出了责任伦理和信念伦理的概念。他强调在行动的领域里责任伦理的优先性,他希望提醒人们警惕浪漫主义和理想主义中暗藏的陷阱。他认为,尽管信念伦理的追求十分纯粹,但人毕竟生活在尘世之中,根据责任伦理行事往往更为现实。

同一时期,德国哲学家汉斯·伦克也提出了责任伦理。他认为在工程技术领域的六个明显变化趋势使责任伦理问题凸显出来,这六个趋势分别是:①技术措施及其副作用影响到的人数剧增;②自然系统开始受到人类技术活动的干扰甚至支配;③人本身也受到技术的控制,而且潜在地受到基因工程的影响;④信息技术领域技术统治趋势加强;⑤"能够意味着应当"的"技术命令"大行其道;⑥我们对人类以及自然系统的未来具有重大的影响力。

传统的伦理学是一种人类中心的伦理，忽视了自然和生命本身所具有的目的和价值，无法为技术世界人的行动提供判断的尺度。责任伦理学是对传统的德性论和近代的权利论、道义论、目的论伦理学的反思和延伸，关注自然、关注未来、关注生命、关注地球上人类将来的生存的可能性，是前瞻性责任、过程责任和事后责任的统一。

首先，责任伦理是以未来行为为导向的前瞻性的、关护性的责任，提倡一种积极的事先责任意识。它关注的不仅仅是当下的行为，更关注行为产生的后果带来深远的社会影响。工程活动的相关利益者可能是未来风险的肇事者，因此，责任伦理主张对可能出现的工程风险进行前瞻与预测，承担相应的义务与使命。

其次，它是关于行为过程整体的伦理，是包括事前、事中、事后，或者行为的决策、执行、后果的全过程伦理。随着科学技术的发展、知识的增长，人的能力增加了，个人的行为的后果越来越复杂、越严重、越持久而且不易预测。约纳斯在他的《责任命令》一书中提出，"人的'第一命令'是不去毁灭大自然按照人使用它的方法所给予人的东西"[①]，技术的力量使责任成为伦理学中必须遵循的新原则，特别是对未来的责任。

最后，它不只是外在的"必须"，更是内在的"要求"。责任既可以是通过强硬手段进行追溯的刚性法律责任，又是个体内心的道德期望、价值旨归或责任感；既可以上溯到当事人的形上诉求，也可以诉诸行为者的社会责任。

案例：基因编辑婴儿事件

2018年11月26日，南方科技大学副教授贺建奎宣布，一对名为露露和娜娜的基因编辑婴儿于11月在中国健康诞生。这对双胞胎的一个基因经过修改，使她们出生后即能天然抵抗艾滋病。此事一经报道便引发了广泛关注，当地立即对这一事件启动了伦理问题调查。随后，参与此项目的主要参与者因共同非法实施以生殖为目的的人类胚胎基因编辑和生殖医疗活动，构成非法行医罪，分别被依法追究刑事责任。

目前，人类生殖系的基因编辑还存在诸多科学技术层面、社会层面以及伦理道德层面的问题，其应用的安全风险目前尚无法评估，一旦被编辑的基因进入人类基因库，影响不可逆、也不受地域限制。由于当前人类生殖系基因编辑的临床应用可能给个人乃至社会带来危害，故应严格禁止。随着时间的推移和技术的发展，一些学者认为基因编辑至少在某些情况下可以被允许。

三、工程师职业责任

由于工程师扮演了多重角色，也就规定了他所要承担的义务，并且也会因为没有履行

---

①　曹南燕.科学家和工程师的伦理责任[J].哲学研究,2000(1):45-51.

好某种义务而要承担相应的责任。① 在工程活动中,工程师设计和开发了各种技术和产品,建造和实施了各种工程项目,对所有的利益相关者的健康、安全和福祉产生了重要影响。工程师职业责任按照责任的境界可以分为三个层次:底线责任、合理关注和工程师的善举。

(一)底线责任,遵守其自身职业的标准操作程序

底线责任也可以理解为工程标准规定的责任,工程师在从事某一具体工程实践中需要共同遵守的准则或依据。如果工程师违反操作程序或不能履行这些基本义务,那么他们理应承担由此造成的伤害责任。例如,一位化学工程师每天下班前必须关掉腐蚀剂阀门,而一天他却忘了关掉阀门,所以他就应该为随后发生的事故负责。最低限度的伦理责任要求工程师遵守法律、遵循标准的职业规范和惯例,避免不正当职业行为,如渎职、受贿、腐败行为。

(二)合理关注,全面审视工程负面效应的责任

工程活动是一种直接的物质生产活动,身为社会的一员,工程师应该对工程活动的社会后果给予合理关注。工程师不仅拥有由自身的职业和工作所决定的基本义务型职业责任,而且还应该对所提供的产品和服务给予职业以外的关注。超出了工程师职业的底线责任就需要工程师承担"合理关注"的伦理责任。合理关注是"一个正常的、谨慎的非职业人员视野中的合理标准。"要求工程师预见工程与社会互动作用的情况,对项目的影响和后果保持合理关注,并采取适当的措施来确保项目的可行性、安全性和可持续性。工程师应该在项目的初期阶段,分析项目的经济、环境和社会可行性,并提供合理的建议和决策;对潜在的安全风险进行评估和管理,并提供相应的解决方案;关注项目对当地社区和社会的影响,并尽量减少负面影响,促进可持续发展。

(三)善举行为,从被动承担责任到主动承担责任

工程师做了"高于或超出责任所要求的"事情,这样的"善举"是值得赞扬的。工程风险存在于工程活动的全过程之中,因此负责任的工程师应该从工程实施起就对工程风险进行监督,及时发现工程中的不安全因素,及时反馈并采取措施加以纠正。因此,行善责任是工程师职业责任的一个重要层次,它要求工程师在职业活动中考虑到社会公众的利益,注重环境保护和可持续发展,积极为社会做出贡献。同时,工程师还需要尊重人权和公正,不参与和支持任何形式的歧视和压迫,积极推动社会公正和多元化。行善责任的实现需要工程师有高度的社会责任感和道德观念,不断努力提高自己的专业素质和职业道德水平。

---

① 查尔斯·哈里斯,迈克尔·S.普里查斯,迈克尔·J.雷宾斯,工程伦理:工程伦理概念和案例[M].丛杭青,等,译.北京:北京理工大学出版社,2006:25—27.

> **案例：勒曼歇尔对花旗大厦的补救**
>
> 1977 年建筑结构工程师威廉·勒曼歇尔（W. LeMessurier）设计了著名的花旗银行大厦（Citicorp building）。将建筑物底部的支撑柱设计在每个边的中间，这样做的好处是方便空间，具有了抗风支撑体系，但是没有考虑到侧向风的风力。经过威廉·勒曼歇尔的深思熟虑，最后决定进行补救：在 200 多个螺母结合处，焊接 2 英寸厚的钢板，总计花了大约 1250 万美元的修复金，而威廉·勒曼歇尔和他的合伙人自己承担了其中 200 万的修复金（即除了保险之外的）。在工程已经交工验收的情况下，威廉·勒曼歇尔的补救工作是一种"高于或者超出义务要求"的责任标准，此举被工程界认为是善举的典范。

四、工程共同体的伦理责任

在现代社会，工程共同体参与社会重大工程项目技术研发、决策、设计、实施和管理的全过程。工程总是社会性的活动，它涉及参与工程活动的不同角色在执行任务时所应承担的道德责任和义务。随着大型工程项目的不断实施，工程的负面效应日益显著，工程共同体的伦理责任变得越来越重要。工程共同体是一个由投资者、工程师、技术专家、管理者等组成的群体，工程共同体的伦理责任不仅强调共同体个体应遵循的道德原则，也关注工程实践对环境、社会以及其他利益相关者的影响。

（一）工程共同体

共同体一词的原文是"community"，是指社会中存在的、基于主观上和客观上的共同特征（包括种族、观念、地位、遭遇、任务、身份等）而组成的各种层次的团体、组织。人在从事科学的、宗教的、政治的、经济的社会活动中，总要结成一定的共同体，如"科学共同体""宗教共同体""政治共同体""经济共同体"等。工程共同体（Engineering Community）是一个工程社会学范畴。基于工程活动作为人类最基本的生存方式，在其变革自然、变"自在之物"为"为我之物"的过程中，往往最具有社会性与集体性，更需要结成有组织、有目的的工程共同体。工程共同体是现实的工程活动所必需的特定的人群共同体，由不同角色的人们组成，包括工程师、工人、投资者、管理者等利益相关者。

（二）工程共同体的构成

从工程共同体的类型来看，可以分为"工程活动共同体"与"工程职业共同体"。[①] 工程活动共同体是指，它们是由各种进行具体的工程活动的共同体，不同成员合作进行工程活动。工程活动共同体的关注重点在于工程活动本身，包括工程的设计、建造、管理等环节。工程职业共同体是指工程师协会或学会、"雇主协会"、"企业家协会"、工会等组织形式，其显著的功能在于维护职业共同体的整体形象，以及其内部成员的合法权益，尤其是

---

① 李伯聪. 工程共同体研究和工程社会学的开拓［J］. 自然辨证法通讯，2008（1）：63-68＋111.

经济利益,确立并不断完善职业规范,促进工程活动共同体的职业认同。工程职业共同体的关注重点在于职业本身,包括职业形象、内部成员的合法权益、规范确立和完善等。工程伦理责任一般是指工程活动共同体的责任。

1. 工程师

在工程活动中,工程师在整个工程过程的不同环节,发挥着不同作用。在工程设计阶段,工程师作为工程活动设计者,为拟进行的工程活动绘制蓝图;在工程决策阶段,工程师作为工程方案提供者、阐释者和工程决策的参谋,他们不仅为自己所坚持和信奉的方案辩护,而且也能理性地协助决策者,在比较和竞争中选择更好的最终方案;在工程实施阶段,工程师通过提供并实施各种切实可行的技术和工艺手段以及组织管理方法以确保工程活动的工期、质量和最终完成乃至获得社会实现。

2. 工人

工人在工程实施过程中,直接作为操作环节的执行者,通过他们的体力和智力付出,使工程行动方案最终落到实处,是工程活动共同体的一支重要力量。在现实工程活动中,工人是工艺规程和操作标准的执行者,各工序和工种都有许多能工巧匠。操作本身就蕴涵着智慧,常常会出现这种情况,工程师能够说明白但做不明白,而技师说不明白却做得明白。

3. 投资者

即工程活动的投资人。投资者是工程共同体至关重要的一员,是工程活动的发动者。投资者作为工程项目发起人,在工程决策中占主导地位,影响和决定着工程的规模、品位,而工程师、管理者或经理人以及工人都是被雇佣者。无论是工程师、管理者还是工人,他们都必须对投资者负责。当然有良知的被雇佣者不仅对投资者负责,还对社会和消费者负责。

4. 管理者

工程活动的管理者主要指工程共同体中处于不同层次和岗位上的领导者或负责人。相对于工程师和工人,管理者是一些具有综合、协调和指挥、决策才能的复合型人才,善于从总体和全局出发考虑问题,把自己所负责的部门目标紧紧地与工程的总体目标关联起来。从组织制度上来统筹安排人力、物力和财力,通过其卓有成效的组织领导形成部门合力,妥善解决工程活动中的公平公正、劳资矛盾、人际矛盾、人机矛盾、资金和物资瓶颈等各种问题,提高工作绩效。某种程度上说,有什么样的管理者队伍或管理者共同体,就有什么样的工程水准。

5. 受众

工程的受众是指工程所直接或间接服务的对象,工程师设计、制造的产品最终要由顾客和用户使用。受众作为工程的利益相关者之一,确认着该工程存在的合理性和必要性。产品是否存在安全隐患?是否对用户造成危害?用户使用产品是否方便、舒适?操作是不是简便易行？产品是否具有人性化？如果一个工程不能使预期受众变成现实消费者，就不能获得社会实现。不仅使工程投资者蒙受经济损失，而且也将造成社会资源巨大浪费，甚至给社会和公众带来危害。

（三）工程共同体的伦理责任

1.工程共同体对利益相关方的伦理责任

随着工程活动的日益发展，工程活动中频繁发生意外事故，人们的利益受到了严重的损害，工程共同体作为一个整体应担负起对自身的伦理责任。工程活动对他人的利益损害可以分为以下三种情况：

显性与隐性损害。工程活动的显性损害就是指一种会对人类的身体健康、经济利益等产生负面影响、以表面直观的方式显示出来的损害。与显性损害相比，工程活动的隐性损害是具有隐蔽的、迷惑的、潜伏性的，事后才显示出来的损害。这就意味着，工程活动对所处环境的负面作用在当时不一定显现出来，但是当各种条件成熟时，这种损害就会产生巨大的灾难。例如"9·11"事件导致世界贸易中心大楼倒塌，大量人口死亡。美国政府不顾当时的纽约建筑条例要求，在建设中放弃了对楼梯井围建土石方或混凝土结构的规定，从而间接导致了灾难的发生。

短期与长期损害。根据持续时间的长短，可以把损害分为长期损害与短期损害。工程活动的长期损害是影响持续时间较长，对人们的健康、心理、生理、生活、经济利益等各方面皆产生了不利的影响。如某条铁路线贯穿了一个自然村落，这就永远切断了生产、生活紧密联系在一起的人们。短期损害则是与长期损害相反，持续的时间较短，造成的危害也相对较小。例如，某市在改造某步行街的工程活动中，在相对短暂时期内，城区主干道的修建和扩建以及道旁建筑大厦的修建，使附近居民遭受到了出行的困难，噪声干扰和工程建设烟尘等问题扑面而来。

可避免与不可避免损害。从工程共同体对工程损害的主观作用效力上出发，我们可以把损害分为可避免损害和不可避免损害。例如，前述由于某条铁路施工的工程选线不当，导致铁路直接从某区的一个小城镇贯穿而过，就是由于工程技术人员为了绘图方便省事，形成了潜在的安全隐患。这样的损害是完全可以避免的。不可避免损害是指工程活动中经过工程各方努力，仍不可预计和避免地给他人带来的损害，比如材料设备老化、天气或地理因素引发的损害等。

2.工程共同体对社会公众的伦理责任

社会公众是工程中的特殊群体：他们并未直接参与工程建设，但却是工程建设的最大直接或间接受众体；他们并没有工程师那样的专业知识，却能够在一定程度上影响工程建设的进度甚至决定工程的命运。例如，PX炼油项目知名度很高，只要是哪个地方新建PX项目，就一定会引来当地民众的强烈抗议和媒体关注。虽然PX对人体健康的危害，属于国家职业性接触毒物危害程度分级依据的第Ⅳ级轻度危害指标，与汽油同级，且缺乏对人体致癌性证据，但只要是化工生产，都存在一定危险因素。城市是每个市民赖以生存的家园,PX 事件的频发,在不断地提醒着工程共同体:在项目立项时,有没有充分论证新建项目厂址和布局,进行科学规划;有没有严格根据法律法规要求,尊重公众的知情权与参与权;对于可能出现的城市品质下降,有没有考虑过对市民生活条件、房价等有形或无形资产的流失进行补偿?几乎世界上所有工程师学会都把"维护公众的安全、福祉和健康"放在工程师伦理准则的首位,对于社会公众,工程共同体同样应承担一定的伦理责任。

3. 工程共同体对自然环境的伦理责任

随着工程活动对人们生活的日益渗透、大型工程项目的不断涌现,工程活动对自然环境的影响越来越明显,产生了许多严重的环境危机和生态恶果。工程共同体的责任范围,应从人际扩展到人与其他动物、生物以及整个生态系统之间的关系领域。

首先,工程师自身应该建立起正确的环境伦理观。在过去的几十年里,人类中心主义曾经是占据主导地位的思潮。然而几十年过去了,日益恶劣的自然环境和惨痛的自然灾害告诉我们这种观念的极端错误性。正如联合国环境署 1997 年发表的关于环境伦理的汉城宣言中所指出的:"我们必须认识到,是我们的价值体系导致了这一场危机。如果我们再不对我们的价值观和信仰进行反思,其结果将是环境质量的进一步恶化,甚至最终导致全球生命支持系统的崩溃。"因此,工程师建立正确的环境伦理观刻不容缓。

其次,环境问题需要全体人类的努力,单靠工程师单枪匹马努力的力量有限。工程共同体伦理责任要求人们不仅在环境污染对人类健康构成直接的或者明显的威胁时,才来关注环境,而且在人类健康没有受到直接影响的时候,工程共同体就应对环境表示关注。1976 年,美国土木工程师协会 ASCE,率先将工程师应为提高生活质量、改善环境尽到责任纳入到其伦理准则当中。世界工程组织联盟也在 1985 年通过了工程师环境伦理准则,强调人类在这个星球上的生存和幸福取决于对环境的关心和爱护。例如,工程共同体成员设计的大坝可能破坏河流的自然状态,淹没成千上万耕地,那么工程共同体必须反思这些项目或者修改设计,消除大坝对自然生态环境的不利影响。

第二节　工程师的伦理责任

工程师作为工程活动的主体,在工作中会遇到各种伦理问题。工程师的社会责任事关人类的前途命运,工程师要对工程活动的全面社会意义和长远社会影响建立自觉的认识,承担全部的社会责任。

一、工程师伦理责任观的历史演进

工程师伦理责任最初是社会或雇主所赋予的。工程师的伦理责任也不是一成不变的,而是不断发展变化的,责任的变化伴随着工程技术和工程所涉及领域的演变而演变。

工程师的伦理责任经历了四个阶段的演变。

(一)对组织的服从和忠诚

英国兴起的第一次工业革命,在机械技术及蒸汽机技术取得了巨大的突破,随之促进了采煤、化工、纺织、机械制造等产业的巨大发展,与此相对应的是产生了一批从事这方面工作的专业技术人才。早期的工程师们以自己所掌握的技能为生存手段,在各生产部门从事劳动。由于在经济上受制于雇主,加之传统思想的影响,他们的主要职责依然是以服从命令为主。因此,这一阶段工程师的主要义务就是对雇主绝对的服从,按照上司的命令来行使职权。在20世纪初英美国家形成的工程伦理准则当中,都以忠于雇主为一条重要的准则。

工程师接受服从和忠诚等伦理责任,无疑具有其正当性的一面,特别是忠诚在许多场合下被认为是一种美德。但是,服从的伦理责任的问题在于,它为外部力量的支配敞开了方便之门,而这种支配未必就是正当的。例如,第二次世界大战期间,纳粹德国工程师研制、修建大规模屠杀犹太人的毒气室、焚尸炉,从人的尸体中回收贵重金属(如从金牙里回收金子)。这种行为无疑是毫不人道的。但是按照服从的原则,工程师可以为自己辩解说他们是在执行上司的命令,是奉命行事。

> **案例:关于平庸的恶的报告**
>
> 平庸之恶是汉娜·阿伦特所撰写的《耶路撒冷的艾希曼:关于平庸的恶的报告》中对纳粹党徒艾希曼的描述。艾希曼是第三帝国党卫军中校,负责把整个欧洲的犹太人送进集中营的兵站指挥官,对600万名犹太人被屠杀负有重要责任。1960年,艾希曼在阿根廷被以色列特工抓获,次年在耶路撒冷受审。艾希曼"不阴险,也不凶横",完全不像一个恶贯满盈的刽子手。他彬彬有礼地坐在审判席上,甚至宣称"他的一生都是依据康德的道德律令而活,他所有行动都来自康德对于责任的界定"。艾希曼为自己辩护时,反复强调"自己是齿轮系统中的一环,只是起了传动的作用罢了"。这就是现代体制化社会中个人平庸之恶的基本表现。当然,艾希曼的苍白辩护并没有保证他"无责",最后,他被法庭判处绞刑。

所以,经过第二次世界大战尤其是对纳粹战犯的审判,现在甚至在军队等传统重视忠诚价值的社会建制里关于忠诚的观念也发生了很大的变化。人们开始认为,一个人只应执行合法的或正义的命令,而不能对所有的命令都一概盲从。同样,对工程师来说,也不能提出超出限度的忠诚要求。20世纪前30年风靡一时的"技术统治运动",就是试图克服忠诚和服从原则缺点的一种努力。

(二)向"普遍责任"扩展

第二次工业革命,形成了以电力技术为基础的产业群。由于内燃机、发电机、无线电、电动机、电话等产业大力推广,逐步形成了与此相对应的一系列新兴产业部门。这些产业的迅猛扩展,急需大量的专业人才,此时拥有专业知识的人才广受尊重,其地位也不断得到提升,影响也逐步扩大。

19世纪末,由于工程师人数的增加,加之民主自由平等思想的广泛传播,工程师们作为下级同他们的上司之间的关系越来越紧张,通过成立维护自己合法权益的工程师组织,与雇主进行尖锐的斗争。在美国两者的矛盾十分尖锐,工程师积极参与争取权力运动,发起了著名的"工程师的反叛"运动,责任意识逐步觉醒。技术统治论思想就是在这种背景下应运而生的。1895年,美国著名的桥梁专家G. S.莫里森在美国土木工程师学会(ASCE)的主席致辞中指出,工程师是技术变革的主要促进力量,因而是人类进步的主要力量,他们是不受特定利益集团偏见影响的、合逻辑的脑力劳动者,所以也是有着广泛的责任以确保技术变革最终造福于人类的人。

第一次世界大战中各种先进武器对战局的影响是有目共睹的,20世纪30年代初期美国在铁路、石油、电力、钢铁等行业得到了突飞猛进的进步,众多的技术人员及工程师掌握着能够对社会产生重大影响的力量,他们的地位得到了前所未有的提高。美国等国家出现了技术统治思想和专家治国运动。经济学家凡勃伦认为,社会只有在掌握技术的人中才能获得正常的运行。为数众多的工程师也认同这种观点,工程师们逐步对自己的"有限责任"不满足,要求将责任扩展到"普遍责任"。工程师之所以认为他们的责任需扩展至"普遍责任",是因为他们的责任不仅仅局限于提高企业的生产效率,并且在政治、经济以及文化领域内发挥良好的作用,能够对企业乃至国家进行管理和领导,具有推进人类文明的进步无法比拟的优势和责任。

"普遍责任"思潮在20世纪20年代的美国和苏联达到最高峰,形成了一种专家治国思潮和治国运动。但是,将技术目标上升为人们追求的最高目的,试图以技术价值取代其他价值或者作为决定其他价值取舍的判断标准,这种做法也是错误的,是与一般的人类福利相违背的。首先,技术不是万能的,不能把一切社会问题都还原、归结为技术问题来解决。其次,技术也不是恒善的。事实上,它既可为善也可作恶。再次,为了技术本身的缘故而追求技术完善未必总是能够最佳地利用有限的社会资源。日本技术论学者星野芳郎就曾经对那种不顾人和社会的因素限制、一味追求技术纪录的工业技术至上主义提出强烈的批评。[①] 因此,虽然这种运动获得了社会的普遍关注,但是由于多方面因素的影响,最终是以失败收场。

(三)工程社会责任凸显

在第二次世界大战期间,纳粹德国的科学家和工程师制造毒气室和威力更大的杀人武器以及美国用原子弹轰炸日本广岛和长崎,核武器、生化武器和远程导弹等军事科学技术的发展,人类竟将自己高度智慧的结晶用于自相残杀的毁灭性目的,这些事实粉碎了善良的人们对技术统治论的幻想。工程师逐渐认识到他们自身能力的不足,能够以客观实际的态度去评价自身的价值,从而从争取"无限责任"转化为争取"有限责任"。他们逐步

---

① 何放勋.工程教育范式演变与工程师责任[J]煤炭高等教育,2006(3):38—40.

对自己责任的定位有了清晰的认识,将自身的责任设定在于雇主、社会公众的联系范围内。

"二战"之后,世界经济呈现出欣欣向荣的发展态势,技术革新换代的速度越来越快,创造的物质财富极大地满足了人们的需求。但是伴随而来的却是各种技术的负面效应。20世纪50年代和60年代爆发了反对核武器的和平运动,在60年代和70年代兴起了消费者运动和环境运动,这些运动激起了一些工程师对国家目标、企业商业目标及其工程自身价值进行反思。这种反思与著名的民权运动对民主价值的关注浪潮相结合,导致新的工程伦理责任观念的产生。在美国,这种转变的标志是1947年美国工程师专业发展委员会ECPD(即后来的工程和技术认证委员会ABET的前身)起草了第一个横跨各个工程学科领域的工程伦理准则,它要求工程师"使自己关心公共福利"。1963年和1974年的两次修改又进一步强化了这个要求。现在,这个伦理准则的"四个基本原则"中的第一个原则就要求工程师利用"其知识和技能促进人类福利"。其七条"基本守则"中的第一条就规定,"工程师应当将公众的安全、健康和福利置于至高无上的地位"。

(四)由社会责任向自然责任延伸

人类从农耕文明走向工业文明的进程中已导致了全球生态危机,工程师的工程实践对自然环境造成一定的影响,工程师对于自然界出现的生态危机负有不可推卸的事后责任,肩负着保护自然环境、恢复和维护生态平衡以及维持可持续发展的事前责任。世界上许多国家的工程师组织机构在制定工程师伦理规范时,都将"工程师对自然负责"这一条纳入其中。世界工程组织联盟(WFEO)、美国土木工程师协会(ASCE)等在工程师伦理规范中都强调保护环境、节约资源及可持续发展的重要性,并将环境效益作为工程是否合格的重要指标之一。

20世纪60年代,随着环境问题的不断加剧,世界各国特别是发达国家开始关注环境问题,并采取了一系列必要的环保措施,减少对环境的破坏和污染。工程领域开始研究环保技术,开发绿色产品,推动绿色工程的发展。20世纪70年代,联合国环境与发展委员会成立,提出了"可持续发展"的概念。这一概念强调经济、社会和环境的协同发展,对工程师的自然责任提出了更高的要求。到了20世纪90年代,随着全球环境的进一步恶化,国际社会开始加强对环境问题的关注,提出了"可持续发展"的目标,这一目标明确要在不损害未来世代的需求和权益的前提下,实现经济、社会和环境的协同发展。这就要求工程师在工程设计和施工过程中考虑到环境、经济和社会因素,实现工程的可持续发展。

二、工程师伦理责任的具体表现

工程师伦理责任由于受到社会进步、技术革新、自身反省和舆论等因素的影响,其内涵和外延在不断改变。今天,我们如果把工程活动分为决策、实施、验收、使用等环节,就可以从决策规划、计划实施和验收检查等不同阶段,梳理工程师伦理责任的具体内容。

(一)工程决策中的伦理责任

工程活动中的伦理责任首先要研究工程决策阶段的伦理责任。工程决策是在工程设计和规划阶段,工程师通过对工程项目系统的分析,在评估有关数据的基础上,对工程项目实施的方案进行优选。这必然要求工程师承担相应的伦理责任:第一,坚持以人为本。工程师在工程项目决策前,不仅要关注工程本身的质量和安全,而且要对工程产品进行人性化设计并具有人道主义关怀。第二,为社会发展以及人类未来谋取福利。面对工程项目的设计和规划,工程从业人员必须促进有益于人类发展的工程项目。第三,要对工程活动的后果负有趋利避害责任。在项目决策时,工程师要将"人类健康、安全和福祉"置于首要位置,不做、自动中止、拒绝或反对明显有损社会公共利益的工程项目。由于工程师是受雇于投资人,投资人为实现收益的最大化,往往忽视工程产品可能带来的风险,工程师就不能回避或者逃避责任。

(二)工程实施中的伦理责任

1. 技术伦理责任

技术在工程活动中起着至关重要的作用,工程师在技术设计时要坚持技术的可靠性、告知工程不利后果、公众对工程安全的知情权。首先,要坚持安全可靠原则。在工程技术的转化中,与工程师关系最密切的责任之一就是技术转化为产品后的安全责任。其次,工程师对可预见的技术成果应用到工程项目带来不利后果负有告知责任。兼有技术专利和管理权限的工程师,有责任预测和评估工程可能产生的各种后果,并且在技术可预见的范围内,降低工程风险,保证工程的正面效益。再次,公众的知情同意是工程活动监督透明的前提。对于影响人们生活较大的工程项目,工程师有让人们了解并且熟知工程活动知情权的责任。

2. 主体伦理责任

在工程实施阶段,工程师作为工程实施的重要参与者,主要与工程项目的管理方、施工方(工人)、同行打交道。

工程师对管理者的伦理责任。在工程活动中,管理者拥有相应的管理权力,对工程实施的整个阶段负有决策、管理、监督等责任。总体来说,企业管理层对伦理的标准是不积极的,甚至对业界规定的共同规范有抵触情绪。当一个有益于企业发展但违背社会道义的决策,被管理者制定下来让作为雇员身份的工程师去执行时,工程师应始终以人类安全、福祉、健康为己任,通过道德沟通、咨询法律和寻求伦理委员会支持应对这种情况,以保护社会的利益和价值。

工程师对工人的伦理责任。在工程项目的实施中,工人的任务就是按照工程师设计的方案进行生产制造。工程师应积极与工人沟通,听取有建设性的意见,改进方案、优化施工环节。

工程师对同行的伦理责任。一项工程的顺利实施单靠工程师个人的力量是无法做到的,不仅需要生产工人和相关管理者的参与,更离不开不同专业的工程师共同协作。共同参与,互相合作,分工完成工程项目是工程师的重要职责。

(三)工程评估中的伦理责任

工程产品最终是否合乎标准,需要经过工程的验收与评估。验收是对工程产品的质量或者技术的把关,评估是验收的一个手段。在这个阶段,工程师主要承担以下伦理责任。

其一,要坚持关爱自然的原则。在工程验收中,工程从业人员要将自然环境作为工程是否合格的重要参考标准。同时注重验收的标准和方法,避免只从功利主义角度评价项目的好坏,应将经济效益、环境效益和社会效益都纳入评价体系中。

其二,保证工程产品的质量。工程师要遵守他们职业标准操作的程序和规定,完成雇佣合同所规定工作的基本责任,对产品的质量进行严格把控的责任。面对产品的某项技术不达标或者产品本身就有质量瑕疵,工程师必须严格按照验收标准进行验收,从而保证工程产品的质量。

其三,技术转移的适用性。验收的一种特殊情况是原有的技术转移。在技术转移中,工程师所担负的伦理责任不是简单的自然和自身伦理责任,还要考虑新技术在新环境中的适用性。即技术不仅以是否先进为标准,更要考虑到与当地特定的社会环境相适应,尤其是当地的信仰、传统、禁忌等伦理因素。

第三节 工程师职业伦理责任的培养

工程师承担着多重使命,这些使命之间的冲突给他们带来了伦理责任的困境。工程活动不仅仅涉及技术,还涉及社会、经济、政治、环境等多个方面,这些方面都会影响工程师的伦理责任。作为专业人士,工程师能够更早、更全面、更深入地了解某项工程成果可能给人类带来的福祉,同时也比其他人更了解某一工程领域的基本原理和潜在风险。工程师的特殊角色决定了他们在预防工程风险方面具有不可推卸的伦理责任。因此,培养工程师的伦理责任是他们成长过程中不可或缺的一部分。

一、工程师承担伦理责任的困境

经过工业革命和信息革命,社会已经不可或缺地依赖于工程师的专业技术。随着工程师的技术能力和改造自然的能力迅速提高,由工程技术和活动引发的各种问题也随之涌现。工程活动对社会和环境的影响日益增大,这必然要求工程师对工程活动的全面社会意义和长远社会影响有自觉的认识,并承担起全部的社会责任。然而,当代工程师在承担伦理责任方面面临着一些现实困境。

(一)当代工程技术的负面影响未能被充分认识

科技的迅速发展使工程师面临日新月异的技术挑战。当代科学技术的发展已经远远超出了人们的想象,许多新兴领域充满了未知的探索空间。大多数工程师很难全面了解新工程技术和活动的负面影响,也很难完全掌控工程技术的风险。更不用说当自然力量与工程活动发生冲突时所面临的无奈,福岛核电站事故就是一个明显的例子。工程师将自己的工程活动视作社会或组织赋予的职责,他们将提升技术能力和拓展工程活动视为生存和发展的关键,往往没有主动考虑工程师伦理责任的问题。面对技术黑箱,当代工程师并未充分认识到自身所掌握的工程技术能力,以及所从事的工程技术活动对他人、社会和生态系统可能产生的重大影响。

(二)工程师普遍倾向于回避伦理责任

当代工程师的利益追逐和浮躁作风日益加剧,导致他们倾向于逃避和回避工程伦理责任问题。面对追求最大利益和最短投资回报周期的压力,工程师们往往选择回避社会伦理责任。他们缺乏伦理意识的主要表现包括:在专业技术交流中不坦诚地传达真实信息,恶意欺骗工程相关人员;夸大某些产品或设计的优点,甚至歪曲其价值;忽视公众的知情权,隐瞒相关信息,不将工程的负面信息告知组织和公众;违反保密规定泄露机密信息;受外界因素影响而放弃自己的专业判断,不尽职尽责地发掘真相。同时,由于社会利益集团为了达到自己的目的,对于说实话的知情者施加压力,导致真实情况被掩盖。这种情况导致说实话的工程师变少,事实真相被掩盖。因此,在工程活动中,工程师可能违背诚实守信的道德要求。

(三)伦理责任的评价和归属不明确

工程活动是一个涉及众多个人行为的连锁反应项目。然而,社会、政府和企业缺乏对工程师社会伦理责任的评价和约束体系。缺乏明确的责任评价标准和方法使得面对工程伦理责任问题时,工程师往往不知所措,既容易过于谨慎小心,又容易过于冒进,这影响了对问题的判断和决策。与其他职业如医生和律师等相比,工程师伦理责任缺乏社会公认的道德约束,并且没有相应的法律、规范和行规来加以硬性约束。现代工程活动以工程共同体的形式进行,其中庞大的组织网络使得很难找到具体的责任人。因此,在现代工程责任事故中,经常出现相互推卸责任的情况。

(四)社会尚未形成积极的伦理责任氛围

在当前的社会环境中,尚未形成对工程师承担伦理责任的积极氛围,工程师的伦理责任往往被忽视或轻视。自20世纪90年代以来,随着国内经济形势的变化,我国工程建设领域的腐败问题逐渐显现,工程腐败程度也逐渐升级。工程腐败所导致的低质量工程问题,使得许多重大责任事故如"楼脆脆"、"桥塌塌"等频繁发生,工程建设中的延续性腐败问题屡次出现。工程师出于个人利益的驱使,在工程活动的各个环节中频繁出现偷工减料、不按设计施工等问题。同时,受到社会环境的影响,工程师的道德准则受到严重破坏,忽视了伦理准则的重要性,为了谋取私利而做出违背道德良心的行为。

此外,受雇于雇主的工程师,在工程设计和技术操作方面的工作都需要经过雇主或其管理者的审核才能做出最终决定。在激烈的市场竞争中,为了赢得有利的竞争地位,一些企业采取了违背市场规范的竞争手段,导致工程师在质量和技术要求方面做出了违背伦理道德的行为。由于利益集团的干预,工程师的作用受到限制,无法正常发挥其作为专业技术顾问的角色,工程师的伦理责任感逐渐减弱。

二、工程师伦理责任困境的成因

当代工程师缺乏对伦理责任的承担,有许多原因和影响因素。既有工程师个人的因素,又有社会的因素;既有主观因素,又有客观因素;既有外在因素,又有内在因素;既有历史的原因,也有现实的原因。

(一)工程师自身的障碍

1.角色冲突

角色冲突是指行为主体身处不同的组织或环境之中,因为不同的社会角色要求履行不同的社会责任而造成的冲突。工程师在不同工程活动阶段都扮演着不同的角色,既要承担起不同角色的职业规范要求的责任,又要承担起相应的伦理责任。正是两种责任的存在,工程师在履行和承担伦理责任时很难站准自己的位置。如哥伦比亚号中的工程师罗德尼·罗奇尔,作为一名工程师,在工作中要做好自己的本分工作,即承担设计、研发产品安全的责任;作为公司的雇员,履行好一名员工的义务,即接受上级执行的指示和完成上级指示的任务;作为工程师组织的成员,要遵守组织的规章制度自觉履行义务和承担相应的责任;作为国家的公民,有责任为一切反"人类的健康、福祉和安全"的行为作斗争;同时,他也是社会的一员,要承担赡养父母、抚育儿女的家庭责任、要自觉缴纳税款、做好社会良好公民的社会责任等,多重角色就使工程师在承担伦理责任时面临多重行为选择。当多种职业责任和伦理责任发生冲突时,工程师承担伦理责任就会产生障碍。

2.私利

利益是工程活动的最大诱因。马克思主义认为,"利益"是一个非常重要和实用的社会概念,"每一个社会的经济关系首先是作为利益表现出来",人们奋斗所争取的一切"都同他们的利益有关"。可见追求利益是人类最一般、基础的心理特征和行为规律。私利,指个人的利益:"先为自己着想",关注自身利益的满足。当工程师的最终目的定位为实现自己的私利,通过工程实践来获取权力、金钱和地位时,就可能导致不道德行为的产生。

工程活动中有个人、群体与整体这样三个基本的层次,所对应的是工程师、公司与社会公众。对于工程师而言,我们无法否认工程师对私人利益的追求,也不能无视公共利益的存在,工程师谋求人类社会公共利益是其天然的职责。这种利益冲突是影响工程师承担伦理责任的重要因素,职业角色要求他为人类谋求公共利益,个人角色则会驱使他追求私人利益。当两种道德困境交融时,工程师的"利己"和"利他"倾向便凸显出来,工程师践行责任便成为难题。

3.心理上逃避

尽管工程师们不为了个人利益而行事,但他们可能由于担心承担责任而回避责任。

首先,他们害怕承认自己的过失而受到惩罚,导致失去工作。在一些工程案例中,揭发者常常承受着巨大的心理压力。当工程技术人员发现在施工过程中存在偷工减料、降低质量、违规操作、不合理缩短工期等安全隐患时,如果揭发和制止这些问题,可能会损害企业形象,遭到企业管理层和同事的排斥,并面临不公平待遇。其次,工程师可能自欺欺人,有意识地回避某些事实。面对某些事实是非常痛苦的,因此他们选择刻意回避这些事实。最后,工程师可能出于无知而回避责任。如果一个工程师没有意识到某项设计的缺陷导致了安全问题,他有时会故意回避这个事实,以避免处理不必要的麻烦。通常情况下,即使他们要承担某种责任,他们也会将这种责任归因于对某些信息的无知。

> **案例:探险旅游潜水器"泰坦号"事故**
>
> 　　2023年6月18日,载有五名乘客前往泰坦尼克号沉船遗址进行探险旅游的潜水器"泰坦"号在加拿大东部海域失踪,随后被发现潜水器发生内爆事故,五位乘客最终被确认全部遇难。"泰坦"是美国私人海底勘探公司海洋之门探险公司所有的潜水器,于2021年首次潜至深度约3800米的泰坦尼克号沉船遗址。一些专家曾担心其安全性,一名前雇员和一个贸易团体的成员曾在潜水器开发过程中对其设计表示担忧。2018年1月18日,海洋之门员工大卫·洛奇里奇向公司领导转发一份工程报告,批评"泰坦"的研发流程,他特别担心船体的设计及其承受深水强大压力的能力。洛奇里奇和海洋之门相互提起诉讼,随后他被公司解雇。海洋之门创办人兼行政总裁拉什也在本次失事的"泰坦"号上,他曾就公司产品的安全问题说过"讲安全纯粹是浪费时间"。

(二)伦理责任追究困难

工程活动中工程师作为决策的个体,工程事故一旦发生工程师应该承担什么伦理责任?作为受雇于工程组织的成员,在参与集体工程项目时应承担多大的伦理责任?工程师在组织化的机构和分工合作的社会里由于劳动分工,造成工程师的个人责任难以确定。

首先,难以确定具体的责任人。如今的工程项目涵盖领域广、涉及技术多、组织机构庞大,作为雇员身份的工程师很少能对整个工程项目进行自始至终的控制。同时,在工程共同体互相协作和工程技术分工细密的工程项目中,单个工程师总是分担一个项目中的一部分任务,这就难以断定工程事故的责任人到底是个人的还是集体的,也很难确定工程师对工程事故承担怎样的责任。例如,如果要问日本广岛受到原子弹袭击,是谁的责任?是设计原子弹的科学家和工程师吗?是设计的领导者奥本海默吗?是轰炸机的驾驶员吗?是批准制造原子弹的曼哈顿项目的罗斯福吗?是命令投掷原子弹的杜鲁门吗?或者是提出制造原子弹的可行性的费米和爱因斯坦?现代工程项目是一个非常复杂的非线性系统,机构庞大,人员复杂,分工细致,很难确定具体的责任人。

其次,工程活动涉及多方责任。工程共同体主体包括工程师、政治家、投资商、实施者和管理者等个人,以及建设单位、勘察单位、设计单位和施工单位等集体。当责任涉及个人或集体时,常常出现责任推卸的现象,因为他们可能面临法律或道德上的惩罚。在这个过程中,没有人真正对工程事故负责,也没有人对工程技术的长期后果负责。例如,2011年7月15日凌晨2点左右,钱江三桥北向南离滨江转盘不到800米处的右车道部分桥面突然塌落,垮塌面积约60平方米。湖南省路桥建设总公司,主要承建该桥工程的公司,当日迅速发表通告声明,称该公司并非承建此次塌陷的责任方,而是由浙江当地的某施工单位承建。在复杂的工程项目中,工程师往往承担项目的部分任务,因此很难确定个人还是集体应对工程事故负责,也难以确定工程师应承担多少责任。一旦发生工程事故,多方责任往往难以确定,最终导致没有个人或集体负责的情况。

再次,工程师个体无力承担工程责任的后果。即使具体责任人愿意承担责任,面对巨大的责任后果,他也无能力承担。工程事故不仅浪费社会资源,还危害人身安全,给国家造成巨大的经济损失。"7·23"甬温线特别重大铁路交通事故,造成40人死亡、172人受伤,中断行车32小时35分,直接经济损失19371.65万元;2014年5月3日,广东省高州市石桥坍塌造成11人死亡、16人受伤。像这样规模巨大的工程事故所造成的经济损失和人员伤亡,已经远远超过个人所能够担负责任的范围。

(三)利益冲突

利益冲突是工程师、公司与社会公众在实现自身利益的过程中,彼此之间发生的冲突。工程活动中有个人、群体与整体这样三个基本的层次,所对应的是工程师、公司与社会公众,因各方利益冲突所造成伦理责任困境。

首先,公司与社会公众之间的利益冲突。作为营利性的组织,公司做出的工程决策要遵循利益最大化原则。工程师可能需要在确保工程安全(如遵循安全规定、采用安全材料)与降低成本(如使用较便宜的材料、减少安全措施)之间进行选择。工程师也可能需要在保护环境(如减少污染、节约资源)与追求经济利益(如降低成本、提高产量)之间进行权衡。

其次,公司与客户之间的利益冲突。工程师需要在满足客户需求,如提高产品质量、满足部分特定客户要求,与控制成本(如降低材料成本、减少人工成本)之间出现冲突。工程师可能需要满足客户对工程进度(如加快施工速度、减少检查环节)的要求,从而与保证工程质量(如采用高质量材料、严格质量控制)产生矛盾。

最后,团队协作与个人利益冲突:工程师可能需要在追求团队协作(如提高团队合作、实现团队目标)与追求个人利益(如提高个人绩效、获得晋升机会)之间出现冲突。工程师个人更倾向于追求技术创新,如采用新技术、开发新产品,这与团队需要控制项目风险、避免技术失败之间产生矛盾。

在这些冲突中,工程师需要在不同利益之间进行权衡,这可能导致他们在承担伦理责任问题上陷入困境。

(四)伦理责任规范不健全

工程活动中工程师承担伦理责任,光凭自觉理性还是不够的,需要工程师组织机构制定和形成人人都能遵守的伦理准则和普遍标准，使工程师明确承担的伦理责任范围。就现有的伦理责任规范，还存在以下几个方面的问题。

一是内容不全。已有的伦理规范没有明晰工程师承担的具体责任，可操作性不强。就国内目前出台的法律条例来说，很多都涉及了工程师的伦理责任，对工程师责任的规范以及承担具有一定的积极意义。从 2002 年 6 月 29 日《中华人民共和国安全生产法》，到 2003 年 11 月 12 日《建设工程安全生产管理条例》，再到 2011 年 4 月 22 日《中华人民共和国建筑法》等这些法律法规都详细地规定了从业人员的权利和义务。但是，在工程实践中，从业人员仅根据这些参照标准去判断自己的行为是否合法、是否合情合理，光靠现有的法律法规显然是不够的。

二是伦理章程发挥的作用有限。国内外各类工程师协会组织，世界工程组织联合会（WFEO），国际造价工程联合会（ICEC）等；美国化学工程师协会（AICHE），美国计算机学会伦理章程与职业操守（ACM），美国机械工程师协会（ASME）等；中国建设工程造价管理协会，中国机械工程学会，中国汽车工程学会，中国建筑师学会等国内工程师组织机构等工程师组织机构，不仅极大地提高了工程师的地位和名望，而且也详细地规定了工程师履行和承担伦理责任的内容。工程社团为自己的成员制定职业行为标准，也是保护工程师履行义务和行使权利。工程师在工程实践中面临责任承担和责任追究时，伦理章程就充当工程师做出行为选择和判断工程师是否有责任的依据。但是，BART 公司的三位电气工程师因为举报公司列车控制系统存在的问题，而被公司辞退，他们利用 IEEE 伦理章程将公司告上法庭来说明自己的行为是合法的、正义的，但是最终结局败诉，可见伦理章程对工程师的保护是有限的。

三、工程师伦理责任培养路径

工程师以及工程共同体在伦理责任问题的担当上存在诸多阻碍因素，如何加强工程师和工程共同体的伦理责任问题成为研究工程伦理责任的核心问题。工程师的伦理责任感培养需要从以下几个方面的加强。

（一）丰富和完善工程伦理准则

丰富和完善工程伦理准则，推进伦理章程法制化建设。已有的工程类法规基本覆盖了工程活动的各个领域，基本符合我国现阶段工程活动的规律，但在工程责任分担方面的规定尚有不足。因此，需要加强工程伦理相关的法律法规建设。第一，有关部门应重视工程伦理相关政策法规的研究，制定适应技术更新带来的伦理问题的法律法规。第二，完善工程行业伦理责任法律体系，结合国外经验，制定具有科学性、实用性和现实性的工程伦理责任法律法规。第三，加强伦理章程的立法建设，将已得到业界认可的伦理责任章程上升为具有法律效力的伦理章程。

此外，还需要加强伦理道德规范建设。道德规范相对于法律规范的强制性，更具导向性。工程师承担伦理责任必须依赖于道德规范，这是伦理责任的核心。一方面，工程行业应自发组织成立相关伦理审查机构，并制定领域内的伦理准则；另一方面，要创造有利于工程共同体承担伦理责任的外部环境。

(二)加强以"责任"为中心的工程伦理教育

以"责任"为中心,加强工程伦理教育。随着我国工程活动的快速发展,人们越来越重视工程伦理教育的问题。工程伦理教育通过专业教育与伦理教育相结合,培养工程师在工程活动中的责任感,提高工程共同体的伦理意识。我们应该加强安全伦理责任教育,要求工程师在工程设计中严格遵守质量标准和技术规范,制止施工单位偷工减料、不符合技术规范的行为,确保他人、社会和环境的安全,为人类带来福祉。另外,我们还应该加强环境伦理责任教育,工程主体应坚持人与自然和谐发展的伦理观念,通过工程活动有效保护自然,使工程成为人与自然和谐发展的有力工具,引导工程实现"绿色"发展。通过工程伦理教育,有效防止工程师在面对物质、名誉、地位等功利主义的诱惑时,出现摇摆不定、左右为难的情况。

(三)公众参与工程活动

公众是直接受到现代技术与工程负面效应影响的人,有权要求建立道德监督机制,并参与到技术和工程的决策和监督中。公众参与主要指的是工程项目的利益相关者参与其中,建立一个由技术专家、伦理学家和政府管理者组成的共同体,对工程项目的决策和实施过程进行全程监督。技术评估是解决工程伦理责任困境的另一种方法。技术评估是一种在技术应用之前进行事前思考的过程,预测和评估可能存在的风险,并制定相应的对策,以避免不良后果的发生。在技术评估中,工程师不仅要考虑技术因素,还应该纳入一些非技术因素,如环境、社会文化背景和利益相关者等的考虑范围。

(四)健全工程伦理责任的惩戒制度

为了确保工程活动中纠纷的解决依据,需要建立健全的工程法律法规。目前,具体规范工程项目可持续建设和管理的法律法规还不完善,也没有一部专门的法律法规来具体规范。政府相关部门需要制定和完善相关的惩戒制度,将工程活动中的伦理责任追究制度化。首先,建立和完善责任问责制。在伦理道德建设中,问责制是保证伦理责任落实的最有效方式。问责制包括行政责任、法律责任、道德责任等,形成一个完整的体系。在制定问责制度时,应明确规定问责对象、主体、内容、范围和程序,并成立专门机构,处理工程活动主体违反伦理责任的行为。其次,建立和完善舆论监督机制。加强舆论监督系统建设,直接对工程活动主体进行伦理道德监督,可以弥补法律等其他监督方式的不足,同时提高工程活动主体的伦理道德素质。

复习思考题

1.工程活动的伦理责任主体是工程师还是工程共同体?

2.工程师应该承担哪些伦理责任?

3.简述工程师责任的历史演变过程。

4.如何加强工程师伦理责任感培养?

案例分析题

2008 年中国奶制品污染事件(或称 2008 年中国奶粉污染事故、2008 年中国毒奶制品事故、2008 年中国毒奶粉事故)是一起严重的食品安全事故。事故起因是很多食用某奶粉公司生产的奶粉的婴儿被发现患有肾结石,随后在其奶粉中被发现化工原料三聚氰胺。"问题奶粉"为不法分子在原奶收购中添加了三聚氰胺所致,2009 年 1 月 22 日,河北省石家庄市中级人民法院一审宣判,该公司前董事长田某被判处无期徒刑,该公司高层管理人员王某、杭某、吴某则分别被判有期徒刑 15 年、8 年及 5 年。该公司作为单位被告,犯了生产、销售伪劣产品罪,被判处罚款 4937 余万元。涉嫌制造和销售含三聚氰胺的奶农张某、高某及耿某三人被判处死刑,薛某无期徒刑,张某有期徒刑 15 年,耿某有期徒刑 8 年,萧某有期徒刑 5 年。

试分析"问题奶粉"案件中的工程伦理责任问题。

第五章 风险与工程师安全伦理

在工程实践过程中,安全是一个永不过时的重要议题,它贯穿于人们生产和生活的方方面面。无数惨痛的事故告诉我们,忽视安全行为必然会付出巨大的代价。工程腐败、违规操作、经验主义和疏忽等行为都是安全生产的巨大威胁,任何无视规章制度的行为都有可能导致严重后果。工程师在工程活动中应该把公众的安全、健康和福祉放到至高无上的地位,对工程安全承担伦理责任。

第一节 工程风险和工程事故

现代社会是一个高风险的社会,我国又是一个自然灾害、公共卫生事件、事故灾难等突发事件较多的国家。进入工业时代,机器生产代替手工业生产,工程活动在创造丰富的物质财富、增加人类福祉的同时,也给人类社会带来难以想象的风险。为了规避风险,使工程更好地为人类谋福祉,我们有必要认真探讨工程风险产生的原因、类别、责任、对策等问题,从而提高工程的抗风险能力。

一、风险和工程风险

(一)风险的概念和分类

1.什么是风险

风险(Risk)的概念,词源自于"risque"(意大利语)一词,在早期的生活生产过程中被理解为因自然界的天气现象带来的客观危险,以及航海活动中所遇到的意外触礁等事件。伴随着人类社会的发展和文明的进步,"风险"一词的含义被赋予了经济学、社会学、统计学、哲学等学科领域更为深刻和更为广泛的内涵。风险通常具有不确定性,在管理学和经济学中将风险普遍定义为"某种损失发生的不确定性"。美国学者马丁认为:"风险是某件不期望的和危险的事物可能发生的潜力。"[1]

学术界对"风险"一词的定义还暂时没有形成统一的认识。从风险管理的角度考虑,

---

① 迈克·W.马丁,等.工程伦理学[M].李世新,译.北京:首都师范大学出版社,2010:133.

风险一般包括三个基本要素:一是风险因素。指产生、诱发风险的条件或潜在原因,是造成损失的直接或间接的原因,可将其细分为物理风险因素、道德风险因素和心理风险因素。二是风险事故。是指造成生命财产损失的偶发事件,它是导致损失的媒介物。三是风险损失。是指非正常的、非预期的经济价值的减少,通常以货币单位来衡量。

因此,我们可以给风险以下定义:风险是由具体事件所处的各种自然、社会、政治、技术等情境性因素相互作用而产生的不确定性,对事件的发展造成影响及某种损害程度的可能性。

2. 风险的类型

按风险的对象可划分为财产风险、人身风险、责任风险。财产风险,指财产发生损毁、灭失和贬值的风险,如房屋、建筑物、设备、运输工具、家具以及某些无形资产因自然灾害或意外事故而遭受损失。人身风险,指人的生、老、病、死,即因疾病、伤残、死亡等产生的风险。虽然有些风险是人生中不可避免的必然现象,但由于在何时、何地发生,具有不确定。责任风险,指由于团体或个人违背了法律、合同或道义上的规定,形成侵权行为,造成他人的财产损失或人身伤害,在法律上负有经济赔偿责任的风险。

按风险来源可划分为自然风险和人为风险。自然风险,指由于自然力的非规则运动所引起的自然现象或物理现象导致的风险。如风暴、火灾洪水等所导致的物质损毁、人员伤亡的风险。人为风险指由于人的活动而带来的风险,可以分为行为、经济、技术、政治和组织风险等。

按对风险的承受程度可划分可接受的风险和不可接受的风险。可接受的风险,指人们在对自身承受能力进行充分分析研究的基础上,确认能够承受最大损失的程度,凡低于这一限度的风险称为可接受的风险。不可接受的风险,与可接受的风险相对应,是指已经超过能够承受能力范围之外的风险。

(二)工程风险概念和特点

1. 工程风险的概念

工程风险(Engineering Risk)概念的界定与工程活动是分不开的。工程项目的立项、设计和规划,都是在正常的、理想的技术、管理和组织的基础之上,在实际的工程项目实施过程中,那些潜在的不确定性因素都极有可能使工程项目实施出现失控,致使入不敷出、综合经济效益低下,严重的甚至使项目失败、企业破产。工程风险是指在整个工程项目实施的全过程中,自然灾害和各种意外事故发生而造成的人身伤亡、财产损失和其他经济损失的不确定性的统称。[①] 用数学公式可以将工程项目风险表示为:工程项目风险＝f(引起工程项目损失的各种不确定性,不确定性可能造成的损失,结果)。

2. 现代工程风险的特点

(1)影响范围广。在科技传播速度不断加快和经济全球化的背景下,现代工程风险的

---

① 王山立.工程风险及其应对策略[J].煤炭工程,2005(5):79—80.

作用常常可以跨越地理的界限,在地球上某一角落发生的工程风险很快可扩散到世界各地。工程风险通常以一种"风险共担"或"风险全球化"的形式表现出来。每一个个体都被现代工程风险捆绑在一起。以食品工程为例,转基因作物如玉米、大豆等随着全球贸易的发展而分散到世界的每一个角落。显然,转基因食品所隐含的潜在风险也随之扩散到全球食用转基因食品的每一个个体的身上,还包括食用转基因食品的牲口。事实上,在无处不在的工程风险面前,种族的、性别的、阶级的、国别的边界都在被弱化。

(2)持续时间长。风险在工程项目整个生命周期中都存在着,而不仅仅发生在实施阶段。现代工程活动不仅在规模上宏大,在对自然物质的内在影响方面也深入到原子核的层面,对环境问题、生态问题产生的持续影响也是长久的和难轻易消除的。因而,现代工程风险在影响的持续性方面也远远超出了某一个世代的跨度。以核能利用产生的核风险为例,原子核裂变后形成的核辐射周期达到上万年,现代核电站产生的核风险可持续上万年,这对于我们的子孙后代的发展是一件极不公平的事情。

(3)危害程度极大。现代工程风险不仅影响范围广、持续时间长,而且在危害程度方面极其深远和巨大。众所周知,原子弹的出现大大地改变了人类的生存安全模式,让人类生活在一个有史以来最不安全的世界当中。现代人类构筑的工程技术发展越来越尖端,发明越来越有强大杀伤力的武器,其后果却可能是人类越来越轻易地被自己毁灭。此外,由于现代工程风险引发的生态危机、环境危机,也严重地危及人类社会的可持续发展。现代工程风险产生的严重后果已经远远超越了人类的想象力和处理能力,某些灾难性的工程事件一旦发生,人类社会将遭受毁灭性打击。

(4)可变性。风险的可变性是指风险的性质、后果以及新风险的变化。随着科技的发展和生产力的提高,人们对风险事故的认识和应对能力也逐渐增强,从而在一定程度上降低了风险事故的发生频率,并减少了损失和损害。信息传播技术和预测理论、方法、手段的不断完善和发展,使得某些工程项目的风险可以更早、更准确地预测,从而大大降低了工程项目的不确定性。加强工程项目的风险管理、增强责任感、提高管理技能,也可以将一些风险转变为非风险。然而,当工程活动主体为了规避某些风险而采取行动时,可能会出现新的风险。举例来说,为了尽早完成某些工程项目,可能会采取边设计边施工或者在设计中免除校核手续的方式,虽然加快了工程进度,但却增加了设计变更、降低施工质量和提高造价的风险。

(5)整体性。风险的影响通常是全局性的,而不仅仅局限于某个地区、某个时间段或某个方面。举例来说,异常的气候条件可能导致工程项目停滞,这将对后期计划产生全面的影响,并影响所有参与者的工作。这不仅会导致工期延长,还可能增加费用,并对工程质量造成危害。即使是局部的风险也会随着项目的发展逐渐扩大其影响范围。一个活动受到风险干扰可能会影响与之相关的许多其他活动,因此,在工程项目中,风险的影响随着时间的推移呈现扩大的趋势。

(三)工程风险的因素

工程系统不同于自然系统,它是根据人类需求创造出来的自然界,原初并不存在的人工物系统。工程活动包含了自然、科学、技术、政治、经济、文化、生态等诸多要素，是一个远离平衡态的复杂有序系统，影响工程风险的主要因素有以下几种。

(1)政治风险。政治风险指工程项目所在地的政治背景变化对项目的稳定性和权力机构的作用产生影响。如果政治环境稳定且权力机构运作良好，对项目有利；反之，会增加工程风险。在国际工程项目实施过程中，如果项目所在国发生战争或内乱，可能导致项目终止、毁约或建设现场受到战争破坏，给承包商和业主带来损失。此外，项目所在国法律和政策的变化，也可能使承包商面临额外责任和履约风险。

(2)经济风险。经济风险指国家经济状况、实力和发展趋势对工程项目造成不利影响的可能性。例如，严重的通货膨胀会导致材料价格和工人工资上涨；外币贬值或国家对外汇进行管制会造成损失。当国家宏观经济政策发生变化，采取紧缩政策时，承包商筹集资金变得困难，利率上涨增加资金成本。这些风险是企业无法控制的。

(3)合同风险。合同风险指合同中条款不当或与国家法律相违背可能造成的巨大风险。主要包括合同缺陷(规定含混不清、条款不全、隐含歧义等)、不公平条款(明显有利一方、不利另一方)、翻译误差(国际工程翻译时词不达意或不准确)、履约能力差等。选择不当的分包商也可能导致工程进度延误或经济损失。

(4)技术风险。技术风险指一些技术条件的不确定性可能带来的风险。例如，业主频繁变更要求，导致最佳变更时机被错过，材料设备供应出现问题，地质勘探资料不全面等。

(5)不可抗力风险。不可抗力风险指事前无法预测和抵御的突发事件和自然灾害可能带来的风险。例如，地震和海啸可能导致核电站停运和核泄漏事故。

(6)市场(信用)风险。市场风险指市场不健全、交易主体行为不规范和市场秩序混乱等问题给工程项目造成的损失。例如，业主迫使承包商垫资、拖欠工程款或履约迟缓；行政干预导致签订不公平合同；经营管理和采购行为存在缺陷或未能履行合同。

二、工程事故

工程安全事关广大人民群众的根本利益，事关改革发展和稳定大局，历来受到党和国家的高度重视。所谓工程安全是指在工程活动中，通过人、机、物料、环境的和谐运作，使生产过程中潜在的各种事故风险和伤害因素始终处于有效控制状态，切实保护人民群众的生命安全、身体健康和财产安全。安全是相对的，绝对安全是不存在的。工程安全事故是工程建设活动中突然发生的，伤害人身安全和健康，或者损坏设备设施，或者造成经济损失的，导致原工程建设活动暂时中止或永远终止的意外事件。工程安全事故也包括建设单位、设计单位、施工单位、工程监理单位违反国家规定，降低工程质量标准，造成安全事故的行为。

案例:天津港特重大爆炸安全事故

2015 年 8 月 12 日 22 时 51 分 46 秒,位于天津市滨海新区天津港的瑞海公司危险品仓库发生火灾爆炸事故,本次事故中爆炸总能量约为 450 吨 TNT 当量。造成 165 人遇难(其中参与救援处置的公安现役消防人员 24 人、天津港消防人员 75 人、公安民警 11 人,事故企业、周边企业员工和居民 55 人)、8 人失踪(其中天津消防人员 5 人,周边企业员工、天津港消防人员家属 3 人),798 人受伤(伤情重及较重的伤员 58 人、轻伤员 740 人),304 幢建筑物、12428 辆商品汽车、7533 个集装箱受损。事故核定的直接经济损失 68.66 亿元。经国务院调查组认定,8·12 天津滨海新区爆炸事故是一起特别重大生产安全责任事故。

(一)按事故发生的性质分类

从工程活动的特点及事故的性质来看,工程安全事故可以分为四类,即生产事故、质量事故、技术事故和环境事故。

(1)生产事故。生产事故主要是指在工程活动的生产、维修、拆除过程中,操作人员违反有关施工操作规程等而直接导致的安全事故。生产事故可能导致工人或其他相关人员的伤亡,甚至造成严重的人员伤害或死亡。生产事故可能导致设备、工具、材料等的损坏或损失,给项目带来经济损失。生产事故可能导致工程进度延误,因为事故发生后需要进行调查、修复和重新组织工作。

(2)质量事故。质量事故主要是指由于设计不符合规范或施工达不到要求等原因而导致工程产品实体或使用功能存在瑕疵,从而引发安全事故。施工主体偷工减料的行为,生产、经销的商品质量、性能指标未达到国家标准、行业标准和地方标准的要求,甚至是无标生产的产品,会带来质量安全隐患,其危害后果不可预测。例如,2006 年 4 月,广东省部分胆道疾病患者使用了齐齐哈尔第二制药厂生产的"亮菌甲素注射液",其中含有工业原料"二甘醇",导致 13 名患者死亡、两人病情加重的重大事件。

(3)技术事故。技术事故主要是指由于工程技术原因而引发的安全事故。技术是确保安全的关键,曾经被认为毋庸置疑的技术可能突然出现问题,最初微不足道的瑕疵可能导致灾难性的后果,在很多情况下,严重事故往往是由于一些无意的技术失误引起的。技术事故的结果通常是毁灭性的。在工程技术领域,人类历史上曾发生过多起技术灾难,例如切尔诺贝利核事故和美国宇航史上最严重的事故——"挑战者"号爆炸事故。

(4)环境事故。环境事故主要是指工程活动在施工或使用过程中,由于使用环境或周边环境原因导致的安全事故。例如,2015 年 12 月 20 日,深圳光明新区渣土受纳场发生严重滑坡事故,导致 33 栋建筑物被掩埋,7 人死亡、75 人失联,90 家企业和 4630 人受到影响,事故直接经济损失达 8.81 亿元。尽管深圳这座城市似乎与"泥石流"无关,但随着城市建设的加速,自 2006 年以来,深圳面临着余泥渣土排放困难的问题,渣土受纳场供不应求,这导致了受纳场严重超负荷。环境事故的发生往往被归咎于自然灾害,但其实是因为缺乏对环境事故的预测和防治能力。

(二)按事故发生的原因分类

工程活动中出现安全问题的原因既有人的原因,也有物的原因、环境的因素,主要包括:

(1)工具设备的原因。设备运行时超标准、超载、超期服役等。例如,2012 年 9 月武汉建筑工地发生电梯超期、超载导致 19 人死亡的事件。事故发生时,一台施工升降梯在升至顶楼时发生坠落,导致 19 名工人全部随梯坠下,全部当场死亡。事故的原因是使用的升降梯超期使用、超载 7 人。

(2)工作人员疏忽懈怠、麻痹大意。例如,2009 年 7 月,某高校化学系发生一起博士研究生因误接一氧化碳气体导致昏厥和死亡的事件。事发当日,化学系教师在催化研究所进行实验时,误将本应接入实验室的一氧化碳气体接至通向其他房间的输气管,导致一氧化碳泄漏,最终导致一名博士研究生死亡。

(3)违规操作。例如,2011 年 4 月,耶鲁大学一名学生在操作车床时,头发被绞入车床,最终导致窒息死亡。事故发生的原因是学生违规操作车床,且实验人员在上机操作时安全意识不强,未将长发盘起收纳。

(三)按事故伤亡损失严重程度分类

伤亡事故是指职工在劳动的过程中发生的人身伤害、急性中毒事故。可以分为轻伤事故、重伤事故和死亡事故三类。伤亡事故根据 2007 年国务院《生产安全事故报告和调查处理条例》第三条,把生产安全事故造成的人员伤亡或者直接经济损失,分为以下等级:特别重大事故、重大事故、较大事故、一般事故。

(1)一般事故。死亡 1 至 2 人,重伤 1 至 9 人(包括急性工业中毒,下同),直接经济损失 100 万元至 900 万元,上报市级、县级处理。

(2)较大事故。死亡 3 至 9 人,重伤 10 至 49 人,直接经济损失 1000 万元至 5000 万元,上报省级,市级处理。

(3)重大事故。死亡 10 至 29 人,重伤 50 至 99 人,直接经济损失 5000 万元至 1 亿元,上报国务院,省级处理。

(4)特别重大事故。死亡 30 人以上,重伤 100 人以上,直接经济损失 1 亿元以上,上报国务院,国务院处理。

第二节　工程安全伦理责任

美国安全学者 Heinrich 认为存在着"88：10：2"的事故规律[1]，即在 100 起事故中，有 88 起事故是纯属人为的，有 10 起事故是人的不安全行为和物的不安全状态综合造成的，只有 2 起事故是人难以预防的。因此，工程师、管理者、投资者和工人等工程主体，要将风险控制在一个合理的范围内，尽量减少工程事故的发生。

一、工程师的安全责任

工程师因其具有的专业知识、技术及其在工程共同体中所处的独特位置，而对工程活动的实践方向发挥着影响力，是最能够调控工程伦理风险的工程活动主体。工程师伦理责任的落实是降低工程伦理风险的必然要求。

（一）工程设计中的安全责任

工程设计是一种创造性活动，用于实现特定目标的工程初期阶段。在设计阶段，工程师运用专业知识来制定工程建设方案，评估决策者的宏观构想的可行性，并识别工程伦理风险，为决策提供重要依据。然而，如果设计内容不完善，存在缺陷、错误或不规范，未考虑到工程实施地的环境和难度，就会导致潜在的危害。

三门峡大坝是一个典型的反面例子。黄河是我国最难治理的河流之一，因泥沙问题而闻名。三门峡大坝是新中国成立后最早兴建的水利枢纽工程之一，当时存在三种不同的设计方案。高坝派的设计方案希望通过建设高坝大库来实现水电开发、扩大灌溉面积和阻拦黄河泥沙，同时利用三门峡水库的清水来清淤黄河下游的河床，从而解决下游地区的水患问题。然而，在设计时并未考虑到三门峡大坝本身需要泄流和排沙的问题，导致工程建成后仅两年就需要投入巨额资金来挖掘大坝上的孔洞，以解决严重的泥沙淤积问题。随着时间的推移，三门峡水库的预期工程目标几乎全部失败。尽管有反对意见，但决策者最终采纳了这个设计方案，让我们付出了巨大的代价。

（二）工程实施中的安全责任

在工程施工阶段，往往容易发生工程事故。在这个阶段，工程师会将工程决策的整体构想通过技术手段分解为可操作的施工步骤，整合施工资源，确定施工流程，以确保施工安全、规范和有序进行。工程施工过程受到许多风险因素的影响。例如，施工人员对新技

---

① 陈云，司鹄，李晓红. 从伦理教育看安全工程师职业道德[J]. 安全与环境学报，2008(5)：155—157.

术和新方法的掌握不够,会导致技术风险;在施工过程中,材料和设备准备不足,无法保障工程顺利进行,从而产生材料和设备风险;在面临困难和危险的施工任务时,施工技术人员的安全意识不足或违规操作可能导致人员伤亡或设备损坏;由于自然环境突变,工程技术人员未能做好充分准备应对突发情况,导致工程遭受重大损失。

此外,在建筑工程中,施工人员为了承包商的利益,可能会采取非正常的工程行为,如偷工减料、加快工期、违规操作等,给工程活动带来隐藏的隐患和风险,导致出现低质量的工程。例如,2007年8月13日,湖南省湘西土家族苗族自治州凤凰县境内凤凰至大兴机场公路正在兴建的沱江大桥,在拆除施工脚手架时发生塌陷事故,造成64人死亡。这说明施工过程本身是复杂且容易出现风险的。

(三)工程应用阶段的安全责任

在工程项目结束阶段,工程师会对整个工程项目进行综合评估,包括建设过程、质量、使用限制和潜在风险等方面。通过技术手段,工程师可以事后修复工程产品的缺陷,并向公众告知工程产品的潜在风险,以降低工程活动的伦理风险。

工程应用可能会对环境和人类社会造成危险,可以简单分为两种情况。第一种情况是在工程项目设计之初就已经预知可能存在的风险,并在工程实施和运行过程中采取了大量措施以防控这些风险。然而,这些预知的风险最终还是可以发生。一个典型的例子是切尔诺贝利核电站事故。1986年4月27日,切尔诺贝利核电站一组反应堆发生了核泄漏事故,造成了一系列严重后果。放射性物质的云团随风飘到了丹麦、挪威、瑞典和芬兰等国家,瑞典东部沿海地区的辐射剂量超过了正常情况下的100倍。核事故影响了乌克兰地区10%的小麦产量。此外,由于水源被污染,苏联和欧洲国家的畜牧业也遭受了重大损失。这场核灾难还导致50万人遭受核辐射威胁。

> **案例:切尔诺贝利核电站爆炸事故**
>
> 切尔诺贝利核电站位于苏联基辅市北130公里,是苏联于1973年开始修建,1977年启动的最大核电站。在1986年4月26日,切尔诺贝利核电站第四号反应堆发生了爆炸,这次事故被认为是历史上最严重的核电事故,也是首例被国际核事件分级表评为第七级事件的特大事故(第二例是2011年3月11日发生在日本福岛县的福岛核事故)。爆炸引发了大火并散发出大量高能辐射物质到大气层中,这些辐射尘涵盖了大面积区域。这次灾难所释放出的辐射线剂量是二战时期爆炸于广岛的原子弹的400倍以上。

第二种情况是指在工程设计和项目实施过程中未能预料到或忽略的因素,最终对环境和社会产生了危害。这种情况下,工程在建设完成并投入运行后,会出现许多负面影响,这些影响在设计阶段没有考虑到或者没有充分考虑。阿斯旺高坝是一个典型的例子。1967年,阿斯旺大坝工程建成,解决了尼罗河洪水带来的困扰,结束了尼罗河每年自然泛滥的历史,并且产生了大量的电力,推动了埃及的现代工业化进程。然而,大坝建成后,工程的负面影响逐渐显现。沿河流域的可耕地土壤肥力持续下降,尼罗河两岸出现土壤盐碱化,库区和水库下游的水质恶化,尼罗河下游的河床严重侵蚀,尼罗河出海口的海岸线退缩。这些意想不到的后果不仅导致沿岸流域的生态和环境持续恶化,而且对全国的经济社会发展产生了负面影响。有位埃及学者曾说:"建造阿斯旺大坝的埃及总统纳赛尔是伟人,但拆除阿斯旺大坝的人将会更伟大。"

二、工人的安全责任

工人是工程共同体的一个基本组成部分,也是一个处于弱势的群体。他们的经济利益常常会受到侵犯,而且由于多种原因,工人的作用和地位常常被贬低。此外,工人常常承受着最大和最直接的工程风险,他们的人身安全常常缺乏保障。为了维护自身的合法权益和保护自身的安全,工人可以采取以下措施:

(一)严格遵守安全保护规章制度,增强安全保护意识

工人要深刻理解"以人为本"、安全第一的内涵,认识生命价值和健康安全的重要性,洞察工程风险的潜在性、巨大性和破坏性。要牢固树立安全第一的思想,关注自身的生命安全,学习并宣传工程安全法规,严格遵守工程安全操作规程。同时,要接受安检人员的检查和催促,及时改正违章作业。对于工伤事故要保护好现场,积极协助调查,并接受合理的处分。工人还应正确使用各种安全装置和个人防护用品。

(二)主动对照操作流程规范,努力提高操作技能

工人要主动检查操作部位的安全措施、设备、电源线路、易燃、易爆物品等情况,当存在问题时,及时向班组长或安全员汇报,暂停操作。同时,要提升安全技术操作水平,关注施工环境的安全状况,注意班组内和工种之间的协作,避免相互影响导致工伤事故。在施工结束时,要检查操作部位的电源、线路和机械设备,确保没有隐患。

(三)积极参与安全制度建设,自觉维护合法权益

工人要积极学习国家在工程安全方面的法律法规,了解加强安全生产监督管理、防止和减少事故、保障人民群众生产安全等方面的重要措施。要合理利用这些法律政策来保障自身安全,获取合理的风险救助。在工程建设中,工人一方面要严格按照安全规章操作,积累安全规范知识;另一方面要认识到工程安全规章制度的不足之处,积极提出改进意见。同时,对于生产建设环节、工艺、安全生产保障措施以及施工环境和条件等方面,工人应该大胆提出建议。

三、管理者的安全责任

工程活动是一项高风险的活动,作为工程活动的领导者和协调人,管理者必须对工程的安全承担起全方位的责任,以确保工程活动的安全顺利开展。在工程活动中,管理者的安全责任主要有以下几个方面:

（一）制定和执行安全规章制度

管理者在工程活动中首先要承担的责任就是制定和执行安全规章制度。安全规章制度是保障工程活动安全的制度基础,管理者应该根据工程实际情况和相关法律法规,制定符合实际需要的安全规章制度,明确各项安全规定和操作流程。同时,要确保员工遵守规章制度,加强宣传教育,使员工认识到遵守安全规定的重要性。此外,管理者还应该建立奖惩制度,对于遵守规定的员工给予奖励,对于违反规定的员工给予相应的惩罚,以形成良好的安全生产氛围。

（二）对员工进行安全教育和培训

在工程活动中,员工的安全意识和操作技能对于保障工程安全至关重要。管理者应该根据实际情况,开展安全教育和培训,提高员工的安全意识和操作技能,使他们能够识别和避免危险,以及正确使用安全设施和防护用品。对新入职的员工要特别加强安全教育,使他们了解工程活动的安全规定和操作流程,确保他们在工程活动中能规范操作,杜绝不必要的事故发生。

（三）定期进行安全检查和隐患排查

在工程活动中,安全检查和隐患排查是保障工程安全的重要手段。因此,工程活动的管理者应该承担起安全检查和隐患排查的责任。管理者应该定期进行安全检查和隐患排查,检查施工环境、设备、安全设施等方面是否存在安全隐患。对于发现的安全隐患,要及时采取措施进行整改,确保工程活动的安全。管理者还应该加强对施工现场的安全管理,确保各项安全规定得到有效执行。

（四）及时跟进应急救援和事故报告

应急救援和事故报告是保障工程安全的重要环节。管理者应该根据实际情况,制定并实施工程事故应急救援预案,明确应急响应流程和应急救援措施,确保在发生事故时能够及时响应和有效处置。在发生安全事故时,管理者应该及时组织抢救伤员和保护现场,并向相关部门报告事故情况,不隐瞒、不谎报,配合相关部门开展事故调查和原因分析。

第三节　工程安全伦理的社会建构

在认识和分析工程安全问题时,我们不能单纯地把工程安全看成是纯技术问题,而必须从社会建构的角度更深刻认识和分析工程安全问题。工程安全的社会建构是指通过社会互动和协商的方式,构建和确定工程安全的概念、标准、规范和实践的过程。

一、工程风险识别

风险识别是进行工程项目风险管理的第一步，是开展一切风险管理工作的起点和基础。工程风险识别借助于一定的方法和手段，对项目面临的尚未显性化的各种潜在风险进行系统分析和归类，找出那些对项目成功有着显著影响的各种潜在风险因素。全面的、客观真实的风险识别，将直接影响到风险管理的决策。

(一)工程风险识别的依据

工程项目的规划报告、风险管理计划书、可得到的历史资料、风险分类、制约因素和假设条件等，都是工程项目风险识别的主要依据。

工程项目规划。工程项目规划中的项目目标、任务、范围、进度计划、费用计划、资源计划、采购计划、项目承包商、各方对项目的期望值，以及组织的管理政策等都是进行项目风险识别的依据。

工程项目风险管理计划。工程项目风险管理计划是规划和设计如何进行项目风险管理的过程，它定义了工程项目组织风险管理的行动方案，为工程项目组织选择风险管理方法提供指导。它针对工程项目的整个生命期，制定如何进行风险识别、风险分析、风险评价、风险应对及风险监控的规划。

历史资料。工程项目风险识别的历史资料包括：工程系统的文件记录、生命周期成本分析、计划或工作分解结构的分解、进度计划、影响图(模型)、假想分析、文件规定、专家判断、估计成本底线、产业分析、文件记录的事件教训等。

风险种类。工程项目常见风险种类有政治风险、经济风险、技术风险、自然风险、质量风险、管理风险、市场风险、信用风险等，它们是那些可能对项目产生正面或负面影响的风险源。

假设条件与制约因素。一般来说，项目组在若干假设和前提的基础上，估计或预测出项目的建议书、可行性研究报告、规划性文件和设计等项目计划。

(二)工程风险的识别过程

工程项目风险识别过程主要包括专业的风险分析人员、工程的规划人员、设计人员、相关的专家等，由他们一起通过调查、分解、讨论等方式，共同找出所有存在的可能的风险因素。通过分析，筛选出那些对工程项目的目标影响甚微、作用较小的次要风险因素，集中精力着重研究那些影响大、关键性作用的主要因素。

第一步：收集资料。一般情况下，风险是由数据和信息的不完备而引起的。工程项目风险识别主要收集政治环境、经济环境、法律环境、社会环境和自然环境等方面的资料与类似项目的有关数据，包括档案记录、工程总结、工程验收资料、风险管理计划、风险应对计划、风险监控系统日志、风险事故处理报告等。

第二步：工程项目不确定性分析。对不确定因素进行分析，即工程项目进展的不同阶段存在的不确定性，不同的项目目标受影响的不确定性，以及不同的项目环境带来的不确定性。

第三步:建立初步风险清单。清单由项目风险的编码、因素、事件、后果构成,应对每一种风险来源。对于可能的风险事件的后果、风险发生的时间估计、风险事件预期的发生次数、相应的损失等,均要作出详细的文字说明。

第四步:风险分类。根据项目初步风险清单,对项目风险进行分类。可以按照项目风险的来源、风险的可控性、风险性质和范围等进行分类。

第五步:进行风险识别。在风险分类的基础上,对项目可能面临的风险进行汇总,再按照按工程项目风险的大小或重要程度进行分组。通过一定的技术和方法,识别出项目中可能存在的风险,包括风险的性质、产生条件、影响范围和可能性等。

(三)风险识别方法

目前常用的工程项目风险分析方法有很多,既有结构化方法,也有非结构化方法;既有定性方法,也有定量方法。最常见、使用最多的主要有核对表法、专家调查法、情景分析法、事件树分析法、故障树分析法等。

(1)核对表法。核对表法是把以前经历过的风险事件及来源一一罗列出来,成为一张核对表,再结合特定工程所面临的环境、条件等特点,识别出本项目潜在的损失。核对表可以包括多种内容,例如以前项目成功或失败的原因、项目各方面计划的结果(范围、成本、质量、进度、采购与合同、人力资源与沟通等计划成果)、项目所处的环境、项目班子成员的技能、项目可用的资源等。

(2)专家调查法。专家调查法是指以专家为信息索取的对象,利用专家的专业理论知识和实践经验进行风险识别,找出在项目生命周期中的各种潜在风险,并分析其形成原因,对后果做出分析和估计。专家调查法主要有座谈会法和特尔菲法。座谈会主要在风险分析专家、项目成员、相关专业领域专家等人之间召开;德尔菲法(Delphi Method)是一种反馈性的匿名函询法。

(3)情景分析法。情景分析法是假定某种现象或某种趋势将持续到未来的前提下,对预测对象可能出现的情况或引起的后果作出预测的方法。对可变因素较多的项目进行风险识别,通过有关数字、图表和曲线分析工程未来的某状态或某情况,识别引起风险的关键因素及其影响程度。

(4)事件树分析法。这是一种演绎的逻辑分析方法,遵循从结果找原因的原则,分析项目风险及其产生原因之间的因果关系。在前期预测和识别各种潜在风险因素的基础上,运用逻辑推理的方法,沿着风险产生的路径,求出风险发生的概率,并能提供各种控制风险因素的方案。

(5)故障树分析法。事件树分析主要关注事件发生的时间顺序和因果关系,而故障树分析则更注重系统中各事件之间的逻辑关系。它用事件符号、逻辑门符号和转移符号描述系统中各种事件之间的因果关系。故障树从顶上事件开始,逐级向下分析,找出导致事故的各种原因事件,找出事故的潜在原因,以制定相应的预防措施。

二、工程安全的风险评价

风险评价(Risk Assessment)也被称为安全评价(Safety Assessment)。风险评价是以实现系统安全为目的,运用安全系统工程原理和方法对系统中存在的危险因素进行辨识和分析,判断系统发生事故和职业危害的可能性及其严重程度,从而为制定防范措施和管理决策提供科学依据。风险评价是一个基于安全系统工程原理和方法的过程,旨在识别和分析系统中存在的危险因素,以实现系统的安全性。

(一)风险评价的原理和原则

安全评价是落实"安全第一、预防为主"方针的重要技术保障,是安全生产监督管理的重要手段。安全评价工作以国家有关安全的方针、政策和法律、法规、标准为依据,运用定量和定性的方法,对建设项目或生产经营单位存在的职业危险、有害因素进行识别、分析和评价,提出预防、控制、治理对策措施,为建设单位或生产经营单位减少事故发生的风险,为政府主管部门进行安全生产监督管理提供科学依据。

安全评价的领域、种类、方法、手段种类繁多,而且评价系统的属性、特征及事件的随机性千变万化,各不相同,究其思维方式却是一致的。可归纳以下五个基本原则:

综合性原则:风险评价应该是一个综合性的过程,综合考虑各个方面的因素,包括技术、管理、人员和环境等。这样可以全面地识别和分析风险,避免单一因素的片面评估。

透明度原则:风险评价应该是透明的,即评价的方法、数据和结果应该能够被理解和验证。评价过程中的假设、偏差和不确定性应该被明确说明,以便他人能够对评价结果进行审查和评估。

风险等级原则:风险评价应该根据风险的严重程度进行分类和等级划分。这有助于确定重点关注的风险,并采取相应的控制措施。常见的等级划分方法包括定性评估和定量评估等。

风险管理原则:风险评价应该与风险管理相结合,即评价的结果应该为风险管理提供决策支持。评价过程中应该考虑到风险管理的目标和策略,以确保评价的实际应用和效果。

持续性原则:风险评价应该是一个持续的过程,而不是一次性的活动。风险评价应该与系统的生命周期相结合,随着系统的变化和演化进行更新和重新评估。这有助于及时发现新的风险和变化的风险。

(二)风险评价的依据

工程项目风险评价的依据主要有:一是工程项目风险管理计划。二是工程项目风险识别的成果,即已识别的工程风险及风险对工程的潜在影响进行评估。三是工程进展状况。风险的不确定性常常与工程项目所处的生命周期阶段有关。在工程初期,项目风险症状往往表现得不明显,随着工程的实施,风险及发现风险的可能性会增加。四是工程项目类型。一般来说,普通项目或重复率较高项目的风险程度低,技术含量高或复杂性强的项目的风险程度比较高。五是数据的准确性和可靠性。用于风险识别的数据或信息的准确性和可靠性应该进行评估。六是概率和影响程度,这是用于评估风险的两个关键方面。

(二)风险评价的过程

工程项目风险评价过程活动主要包括以下内容:一是确定风险评价基准。风险评价基准是项目主体针对每一种风险后果的可接受水平,单个风险和整体风险都要确定评价基准。二是综合所有个别风险,确定整体风险水平。一般情况下工程项目风险后果的严重性和发生频率符合帕累托原理,即 20% 的风险对工程构成了 80% 的严重威胁。后果严重的风险出现机会少,可预见性低;后果不严重的风险出现机会多,可预见性也高。三是对比单个风险与单个评价基准、整体风险水平与整体评价基准。当项目整体风险小于等于整体评价基准时,风险可以接受,项目可继续按计划进行;如果某个单个风险大于相应的评价基准,进行成本效益分析,寻找风险小的其他替代方案;项目整体风险比整体评价基准大得不多时,可以考虑拟定新的项目;整体方案项目整体风险比整体评价基准大很多时,风险不能接受,考虑是否放弃项目。

(三)工程风险评价的方法

在工程风险辨识和估计的基础上,综合考虑风险属性、风险管理的目标和风险主体的风险承受能力,确定工程风险和风险处置措施对系统的影响程度的工作。常见的有定性和定量两种评价方法,包括主要有调查打分法(Checklist)、层次分析法(AHP)、模糊综合评价法(Fuzzy Set)、故障树分析法(Sensitive Analysis)、概率法分析(Statistics)、蒙特卡罗分析法(Monte Carlo,MC)、风险图法等。

三、工程安全伦理的社会建构

工程作为社会建构的产物,受到社会关系的影响。工程的产生和运行包括规划、设计、决策、建设、运行等环节,这些环节通常由不同的群体完成。建造一个工程的过程、选择建造哪个工程,以及建造什么样的工程,都是由相关的社会群体共同决定的。

(一)落实工程师安全主体责任

工程师是在特定领域受过专门训练、拥有专业工程知识的专家。在我国多种所有制共同发展的经济制度下,工程师虽然无法完全控制和决策整个工程,但仍然在工程中起着重要作用。

1.弘扬良好社会风尚

良好的社会风尚是工程主体负责任行为的前提条件。工程师是社会的一员,他们的行为往往受到社会风气的影响。在一些注重形式而忽视责任的社会风气下,一些工程师可能不会自觉地履行职业责任。在我国经济快速发展的时期,人们普遍追求物质利益,而忽视了道德和伦理责任,导致了忽视工程规律而重视利益的风气。因此,有必要在全社会弘扬重责任和有担当的良好社会风尚,营造一个强调责任的社会环境,使工程主体成员有勇于承担责任的伦理价值观。

2.保障工程师独立的技术话语权

为了实现共同的工程目标,工程师需要尊重行政权威。但在很多工程企业中,行政权威是一个从上而下的刚性控制。在工程决策中,通常由企业管理者、经理等说了算,即使是技术决策也是如此。这种行政权威通常忽视工程师专业的技术判断,而更倾向于关注工作的整体性而不是技术细节,采用行政决策来干预技术决策。这种情况会导致工程师的技术话语权不被充分重视,甚至被忽视。

3.工程师应承担安全伦理责任

工程师应承担对公众及社会的伦理责任,即在职业活动中促进全体公众的福利。当工程师具备强烈的伦理责任意识时,他们会将人类的健康、安全和福利放在首要位置,并培养严谨的工作态度,这是规避工程风险的重要保障。例如,研究克隆技术的科学家、工程师如果不具备对整个社会伦理负责的态度,而是打着"科学"的旗号大肆进行克隆人的实验,那么社会伦理必将陷入混乱之中。

4.发挥工程师协会社团的作用

人是社会性的动物,人在社会中进行各种实践活动,总是要与社会中其他人相联系并形成一定的团体,工程师也不例外。各国工程师成立了各自的工程团体,如美国成立的美国电气工程师协会(AIEE)和美国无线电工程师协会(IRE),德国工程师协会(VDI)等。这些工程师协会制定了各自的工程伦理准则,如德国工程师协会制定了《工程伦理的基本原则》,这些工程伦理准则为工程师的职业行为提供了标准和活动指南,对规避工程风险起着重要作用。因此,我国加快建立各种工程师协会并制定工程伦理准则是非常重要的,以有效地规避工程风险。

(二)保护公众的知情参与权

随着现代工程活动的复杂化,涉及的利益团体也越来越多。在我国,规避工程风险不仅是工程师和工程师团体的责任,作为工程技术使用者的公众也应积极参与其中。因此,在工程决策阶段,我们坚持科学化和民主化的原则。只有坚持工程决策的科学化,才能使工程活动的设计、建设等程序更符合工程活动的规律,从而减少工程活动与自然系统的矛盾,间接降低工程风险的可能性。工程决策的民主化是规避工程风险的重要途径,只有公众的参与才能使工程在建造过程中更符合大众需求、人类生存目标,最终实现价值理性和目标理性的统一。

为了实现工程风险的科学化和民主化,确保公众拥有对工程风险的知情权,发挥公众监督作用。公众的知情权应包括三个方面:充分告知风险信息、风险知悉权、公众自愿承受工程风险。由于公众没有接受专业训练,无法像工程师那样专业而理性地看待风险。为了有效避免工程风险,我国公众应加强对科学知识和工程风险的了解,确保公众对风险认知的科学性和合理性。促进公众参与,提高公众的科学素养,并积极参与工程活动,通过合理协商解决冲突。

(三)加强企业安全生产管理

企业安全文化是企业在长期管理和生产实践过程中形成的全员共同认同的安全价值观或理念,以及员工职业行为中所体现的安全特征,还包括对社会、自然、企业环境和生产秩序构成和影响的企业安全氛围。企业应积极创造安全文化,提高全员的安全文化素质和安全文化环境,减少和防止事故的发生,保证生产的顺利进行。运用现代化的公司管理方式,落实安全生产责任制,养成良好的安全行为规范。具体措施包括以下三个方面:

(1)创建安全学习机制。在安全学习和安全教育方面采取多种途径,形式丰富多样。使安全学习和安全教育有趣味性和知识性,让员工在学习中增强安全意识,逐步形成全员都讲安全、事事讲安全、时时讲安全的氛围。

(2)创建安全管理机制。认真整合和完善各类安全管理规章制度,增强其科学性和可操作性,确保安全管理措施的有效实施。

(3)创建安全培训机制。将安全培训纳入企业安全生产和企业发展的总体布局,重点关注培训机构、师资力量和安全教材的建设。推动安全培训标准化建设,并将安全培训与技能培训结合起来,提高安全培训工作的实效性。

(四)完善政府安全监管体系

在我国大部分的大型工程都是由政府直接投资修建和管理的。例如载人航天工程、大型水利工程、大型铁路公路的修建等工程由于投资大,技术深度高等原因,都是政府主导的。政府对安全生产的监管工作能不能做到,直接关系到安全生产能否全面实现。

1.完善安全生产的相关法律制度

目前我国《安全生产法》是一部综合性的法律,但在某些方面还存在不足,没有涵盖到安全生产各个领域。此外,与其他相关法律如《劳动法》《消防法》《职业病防治法》《矿山安全法》《建筑法》存在重合或交叉。因此,在现有法律的基础上,应对多部安全生产相关法律进行整合,建立一部综合性、适用范围更广、权责界定更为清晰的新的安全生产基本法。在基本法的框架内,加快完善相关法规和规章。授权安全生产综合监管部门在严格执行已有的安全生产法律法规的同时,对长期以来颁布的各类安全生产法规,根据机构改革的职责分工和执法主体的变化进行修订和完善。对各类安全生产技术标准进行系统的整理、补充、修改和完善。各级地方政府及监管部门也应制定切实可行的条例、标准和规程来解决具体问题。

2.创新政府安全生产监管方式

传统安全生产监管方法存在体制、机制不合理,技术方法落后,人员和装备不足等问题,这是由体制、机制不完善和缺陷等历史原因造成的。在新常态下需要规范和完善法律法规和监管机制,利用经济杠杆、社会化服务、大数据技术等方法手段进行监管创新,以提高监管效果和改善安全生产形势。

首先,要从监管思路上进行根本性改变,由"不出事"的逻辑转变为系统性的"制度改进"。要从根本上调整监管者与企业间的关系,由惩罚者变为合作者,企业也从被动接受变成主动合作和参与。政府和企业通过购买第三方安评机构的评估,应用社会化服务,参与企业安全生产监管,以发现可能存在的潜在风险,督促企业进行整改。此外,通过应用社会化服务,加大发挥安全生产行业协会的作用,增加社会参与度,联防共建安全生产良好局面。

其次,运用经济杠杆手段。可以建立相关保险制度,类似车险一样,出过安全生产事故后,评级降低,增加保费缴纳等经济杠杆调节,促使企业重视并践行安全生产。通过社会监督、表彰奖励和惩罚等一系列监督制约措施,加强企业自身的安全生产建设能力。

第三,运用大数据平台和技术。在"互联网+"等新技术下,要加快整合建立安全生产综合信息平台,统筹推进安全生产监管执法信息化工作。建立健全事故隐患排查治理、重大危险源监控、安全诚信、安全生产标准化、安全教育培训、安全专业人才、行政许可、监测检验、应急救援、事故责任追究等数据库,并实现信息共建共享,消除信息孤岛。

3.加大行政处罚力度

规定的处罚力度较弱,是导致安全生产事故频发的重要原因之一,不能起到对企业的警戒作用。为了加强对违法行为的打击力度,从根本上遏制违法行为,需要加强违法行为的处罚力度。通过建立严厉的处罚原则,使企业切实认识到违反安全生产行为所带来的惨痛代价,最终达到企业自律的目的。

在我国现有的法律、法规中,对于违法行为的处罚大多以经济性处罚为主要的惩罚手段。只有对情节恶劣、后果严重的行为给予停产停业、吊销营业执照等行政处罚。然而,这样的处罚力度已无法满足震慑生产者和销售者的目的。因此,我们需要建立企业安全档案,对存在安全隐患或已经发生安全事故的企业进行记录,在限定期限内要求排除隐患。如果没有排除,将进行物质和舆论双重惩罚。除罚款之外,将公开曝光,形成舆论压力。

复习思考题

1.工程风险的产生原因是什么?

2.以三门峡水利工程为例,谈谈对工程决策中的风险认识。

3.如何保障公众的知情权?

4.社会建构的视角下工程风险规避机制如何建立?

案例分析题

2003年2月1日,哥伦比亚号航天飞机在执行代号STS—107的第28次任务重返大气层的阶段中与控制中心失去联系,并且在不久后被发现在得克萨斯州上空爆炸解体,机上7名航天员全数罹难。哥伦比亚航天飞机失事的原因是航天飞机外部燃料箱表面泡沫材料安装过程中存在的缺陷,这是造成整起事故的祸首。哥伦比亚号航天飞机事故调查委员会公布的调查报告称,外部燃料箱表面脱落的一块泡沫材料击中航天飞机左翼前缘的名为增强碳-碳的材料。当航天飞机返回时,经过大气层,产生剧烈摩擦使温度高达摄氏 1400 度的空气在冲入左机翼后融化了内部结构，致使机翼和机体融化，导致了悲剧的发生。

航天飞机它是一个相当复杂的一个系统，有成千上万个部件，它的每一个部件都要求各个状态最佳，要做到万无一失，任何一个部件或任何一个很小的环节，要出现差错的话，会导致整个航天飞机失事。

请结合哥伦比亚号航天飞机事故谈谈对工程安全责任的认识。

第六章 生态文明与工程师环境伦理

生态文明,是以人与自然、人与人、人与社会和谐共生、良性循环、全面发展、持续繁荣为基本宗旨的社会形态。工程师作为参与和推动工程项目的重要角色,必须改变人类中心论思想,树立正确的环境伦理意识,提升生态文明素质,切实承担起生态责任,在工程实践中谋求人与自然的和谐共生,贯彻可持续发展战略。

第一节 工程师环境伦理

工程活动是人类利用科学技术知识直接对自然界进行干预和改造的活动。伴随着工程环境问题的不断出现,工程师是否具有环境伦理责任,工程师具有怎样的环境伦理责任等问题都成为人们讨论的焦点。

一、工程活动与环境问题

(一)环境与环境问题

1. 环境

环境是指周围的地方。如果以人为主体,那么环境可以理解为人类生活的外部世界,包括地球表面与人类发生相互作用的自然要素及其总体。人类环境一般可以分为自然环境和社会环境。《中华人民共和国环境保护法》第二条规定:本法所称环境,是指影响人类生存和发展的各种天然的和经过人工改造的自然因素的总体,包括大气、水、海洋、土地、矿藏、森林、草原、湿地、野生生物、自然遗迹、人文遗迹、自然保护区、风景名胜区、城市和乡村等。其中,自然环境又称为地理环境,即人类周围的自然界,包括大气、水、土壤、生物和岩石等。社会环境指人类在自然环境的基础上逐步形成的人工环境,如城市、乡村、工矿区等。

2. 环境问题

环境问题一般指由于自然界或人类活动作用于人们周围的环境引起环境质量下降或生态失调,以及这种变化反过来对人类的生产和生活产生不利影响的现象。环境问题是目前人类面临的几个主要问题之一。

环境问题是多方面的,但大致可分为两类:原生环境问题和次生环境问题。由自然力引起的为原生环境问题,也称第一环境问题,如火山喷发、地震、洪涝、干旱、滑坡等引起的环境问题。由于人类的生产和生活活动引起生态系统破坏和环境污染,反过来又危及人类自身的生存和发展的现象,为次生环境问题,也叫第二环境问题。次生环境问题包括生态破坏、环境污染和资源浪费等方面。

生态破坏是指人类活动直接作用于自然生态系统,造成生态系统的生产能力显著降低和结构显著改变,从而引起的环境问题,如过度放牧引起草原退化,滥采滥捕使珍稀物种灭绝和生态系统生产力下降,植被破坏引起水土流失等。环境污染则指人类活动的副产品和废弃物进入物理环境后,对生态系统产生的一系列扰乱和侵害,如工业"三废"和生活"三废",热污染、噪声污染、电磁污染和放射性污染。由环境污染还会衍生出许多环境效应,例如二氧化硫造成的大气污染,除了使大气环境质量下降,还会造成酸雨。

3. 环境问题的发生和发展

环境问题是随着人类社会和经济的发展而发展的。随着人类生产力的提高,人口数量也迅速增长。人口的增长又反过来要求生产力的进一步提高,如此循环作用,直至现代,环境问题发展到十分尖锐的地步。环境问题的历史发展大致可以分为以下三个阶段。

(1)生态环境的早期破坏。此阶段从人类出现开始直到产业革命。在该阶段,人类从完全依赖大自然的恩赐转变为自觉利用土地、生物、陆地水体和海洋等自然资源。人类种群扩大后,需要更多的资源来扩大物质生产规模,便开始出现烧荒、垦荒、兴修水利工程等活动,由此引起严重的水土流失、土壤盐渍化或沼泽化等生态退化问题。古代经济发达的美索不达米亚,由于不合理的开垦和灌溉,变成了不毛之地;中国的黄河流域,曾经森林广布,土地肥沃,是文明的发源地,而西汉和东汉时期的两次大规模开垦,虽然促进了当时的农业发展,可是由于森林骤减,水源得不到涵养,造成水旱灾害频繁,水土流失严重。但总的说来,这一阶段的人类活动对环境的影响是局部的,没有达到影响整个生物圈的程度。

(2)近代城市环境问题。此阶段从工业革命开始到20世纪80年代发现南极上空的臭氧洞为止。工业革命是世界史的一个新起点,此后的环境问题也开始出现新的特点并日益复杂化和全球化。18世纪后期欧洲的一系列发明和技术革新大大提高了人类社会的生产力,英国、欧洲和美国等地在不到一个世纪的时间里先后进入工业化社会,并迅速影响全世界。这一阶段的环境问题跟工业和城市同步发展。先是由于人口和工业密集,燃煤量和燃油量剧增,发达国家的城市饱受空气污染、水污染和垃圾污染之苦,工业三废、汽车尾气更加剧了其危害程度。20世纪60-70年代,发展中国家开始步发达国家的后尘,重走工业化和城市化的老路,城市环境问题有过之而无不及,同时伴随着严重的生态破坏。

(3)当代环境问题阶段。从1984年英国科学家发现、1985年美国科学家证实南极上空出现的"臭氧洞"开始,人类环境问题发展到当代环境问题阶段。这一阶段环境问题的特征是,在全球范围内出现了不利于人类生存和发展的征兆,目前这些征兆集中在全球气候变暖、臭氧层破坏、生物多样性减少、酸雨蔓延、森林锐减、土地荒漠化、资源短缺、水环境污染、大气污染、固体废弃物等十大全球性大气环境问题上。与此同时，发展中国家的城市环境问题和生态破坏、一些国家的贫困化愈演愈烈，水资源、能源短缺在全球范围内普遍发生。生物圈这一生命支持系统对人类社会的支撑已接近它的极限。

（二）工程活动对环境的影响

工业革命以来，人类急于发展经济，大范围建设道路、桥梁、大坝、大型楼宇、地下工程等人类建筑，但与此同时却严重忽略了工程对生态环境的巨大负面影响。在人类的利益面前，自然成了单纯的被利用、被攫取、被牺牲者。工程与环境作为两个不同的系统，存在着相互依存的关系。工程活动作为一个社会系统，只有与环境系统（自然环境和社会环境）不断进行物质、能量和信息的交换，才能实现自身的生存与发展。

（1）从工程系统的输入看。环境为工程系统提供所需的一切物质资源，如生态资源、生物资源、矿产资源等，它们最初都来自自然界。离开了环境所提供的资源，工程系统只能是"无米之炊"。

（2）从工程系统的运行过程看。工程活动的整个过程都与自然环境密不可分。因为，现代工程活动是在一定的环境空间中进行的，离开了环境空间，工程活动将"无立足之地"。

（3）从工程系统的输出看。环境成为承载工程活动的产品和副产品（如"三废"）的主要场所。工程活动输出产品和副产品后，自然界以其巨大的包容能力消化、吸收。在工程系统与环境系统进行物质、能量和信息的互动过程中，大致存在着两种性质不同的互动方式：一种是良性的互动方式。即工程系统的输入—输出过程中，基本上没有造成环境的破坏，良好的环境为工程系统的进一步发展提供了条件。另一种是恶性的互动方式。即工程系统的输入—输出过程中，环境被严重损害，被损害、被掠夺的环境反过来又对工程系统的发展造成直接或间接损害。

二、环境伦理

随着人类对自然环境破坏程度的加深，许多科学家、思想家也对生态环境问题所反映的人与自然的矛盾进行了深入的反思，环境伦理学应运而生。

（一）环境伦理的兴起

环境伦理是关于人类与自然环境之间的道德关系和责任的研究领域。19世纪初的科学发展特别是生物学的发展，证明了宇宙的发展和事物之间的内部联系，一种新的、非机械的自然观出现了，将自然看作由生命个体通过深层的内部关系而相互联系的有机体。近代工业文明长足发展，而环境危机开始向人类亮出黄牌，一些先觉者开始把目光投向道德领域，对造成环境危机的原因、对环境危机的解决进行道德思考。

自20世纪中期以来，随着科学技术的突飞猛进，人类以前所未有的速度创造着社会财富与物质文明，但同时也严重破坏着地球的生态环境和自然资源。世界各国认识到生态恶化将严重影响人类的生存,不仅纷纷出台各种法律法规以保护生态环境和自然资源,而且开始思考如何谋求人类和自然的和谐统一,由此便产生了环境伦理观的发展。

环境伦理思考有以下主要特点:第一,认为环境的破坏是由于人类有意识的活动造成的。第二,认为主客二分的认识论、单纯追求物质生产水平提高的价值观是造成环境危机的根本原因。第三,人类的短视,追求眼前利益,追求个体利益,注重微观分析,缺乏全球意识、长远眼光和对人类整体利益的关注,是造成环境危机的重要原因。第四,环境危机的解决要靠人类世界观、价值观、发展观的革命,靠人类整体道德水平的提高。

(二)环境伦理学主要流派

1."敬畏生命"的生态伦理学

法国当代思想家史怀哲在 1923 年发表的《文化和伦理》,被认为是生态伦理学的奠基之作。他认为,人们应当重建自然界和伦理之间的联系,承认自然界的生命皆有价值,人类只是地球生命群体的成员之一。人们看待其他生命如同敬畏自己的生命一样,体验其他生命如同体验自己的生命。"敬畏生命"伦理不是具体的行为规范,而代表了一种道德态度,要着重回答"我该成为什么样的人",从而唤起热爱自然、尊重生命的生态伦理意识。

其实,早在史怀哲之前,法国的卢梭、美国的梭罗也曾提出尊重自然的生命伦理,是西方环境伦理思想的重要源头。卢梭在《爱弥儿》、《新爱洛伊丝》等作品中表达了自己的自然主义理想。他认为,近代科技和艺术导致了西方文明的腐败以及人性堕落;为了恢复自然、单纯的人性,应回归大自然,接受自然的熏陶和培育。美国博物学者梭罗创作的《瓦尔登湖》一书,想告诉人们一个深刻道理:人和自然界相处是一种极其重要的经验;观察体验自然之美是一种快乐和享受;人与自然生命为伴是一种高尚的情感。

2.生态整体主义思想

1933 年 5 月,"美国新环境理论的创始者"利奥波德发表在《林业杂志》的"自然保护伦理",集中表述了他的生态整体主义思想,并在 1947 年撰写的《沙乡年鉴》"大地伦理"一章的基础上提出"生态共同体"的概念。生态整体主义思想强调将整个生态系统作为关注的重点,并赋予其高于个体和局部利益的内在价值。这种思想起源于现代生态科学和有机自然观,与现代环境保护运动和绿色意识形态有密切联系。

生态整体主义思想认为,生态系统是一个由生物、环境、非生物等元素组成的有机整体,它们之间相互依存、相互作用,构成了一个动态平衡的有机整体。因此,生态整体主义强调应维护这个有机整体的完整性和稳定性,保护生态系统的平衡和稳定,以实现人类和环境的可持续发展。

在生态整体主义思想中,自然被看作是一个具有内在价值和目的性的存在,而不是只具有工具价值的对象。这种价值观引导人们重视自然生态系统的内在价值,认识到人类只是这个生态系统中的一部分,不能将其利益置于整个生态系统之上。生态整体主义思想认为,保护生态系统的完整性和稳定性的行为本身就有其内在价值,这种行为不仅可以保护环境和人类的利益,同时也可以促进人类的自我实现和发展。

3.阿伦奈斯的深层次生态学

深层生态学提出了八条行动纲领:人类和地球上的非人类生命的繁荣都具有内在价值,非人类生命的价值不取决于它们对人类的有用性。生命形式的丰富性和多样性具有内在价值,并对人类和地球上的非人类生命的繁衍有益。除非为了满足重要需求,否则人类没有权利减少生命形式的丰富性和多样性。当代人类对非人类生物的过度干预正在恶化,需要加以改变。人类的生命和文化繁荣需要减少人口数量,而非人类生命的繁荣也需要人类减少人口数量。需要改变那些过时的、以经济、技术和意识形态为基础的政策,以实现真正的经济可持续发展。新的意识形态应该更加关注生活质量,而不是追求不断提高的生活水平,让人们意识到巨大和伟大之间的真正差别。支持以上观点的人有责任直接或间接促进生态学所需的各种改变,并且可以根据不同的观点选择不同的策略。

(三)环境伦理思想的主要内容

环境伦理思想的主要内容包括以下几个方面:

1.环境正义

环境伦理认为所有生物和生态系统都应该受到平等的尊重和保护。环境正义关注的是与环境有关的收益与成本的分配,主张公平地分配由公共环境提供的好处,并要求污染者承担治理责任和为污染行为造成的伤害提供补偿。此外,每个人都有权力参与与环境有关的法律和政策的制定,实现参与的环境正义。

2.代际平等

环境伦理追求人类与自然环境之间的可持续发展,强调经济发展应该在尊重环境和社会的基础上进行,以满足当前和未来世代的需求。代际平等原则认为当代人享有基本权利的同时,后代人也应该享有这些基本权利,不应减少和损害后代人追求幸福的机会。

3.尊重自然

尊重自然是环境伦理的核心原则。人类与生存环境之间的矛盾是人类行为的结果,需要认识到自然不仅是人类的工具和资源,而且是有价值和尊严的存在。只有遵循尊重自然的原则,才能建立起一种基于互相理解、信任、合作、共赢和等价交换的关系模式,实现人与自然的和谐共处。

总的来说,环境伦理思想呼吁人类与自然环境建立和谐共生的关系,通过环境正义、代际平等和尊重自然等原则来平衡人类的利益与自然环境的保护,实现可持续发展。

三、工程师与环境伦理

生态文明,是人类文明发展的一个新的阶段,即工业文明之后的文明形态。工程与环境的相互关系表明:在工程与环境的互动发展中,具有主观能动性的工程活动的主体,如政府、企业家、工程技术人员等负有重要的责任。对于工程师,他们既是工程活动的设计者,也是工程方案的提供者、阐释者和工程活动的执行者、监督者,他们最有可能知晓某项工程对生态环境产生的影响，也更有可能从技术层面去规避和解决这种影响。因此工程师应当在工程实践中积极践行环境伦理原则和价值观，以促进生态文明建设。

(一)工程师社会角色的独特性

工程师在现代社会中扮演着极其重要的角色。他们是现代工程活动的核心，负责工程的勘察、设计、施工和操作。工程师的职业活动具有几个显著的特征：首先，他们的职业活动领域主要是自然界，与政治家、律师、医生、教师等职业活动在社会领域进行的不同；其次，工程师的职业活动是直接干预和改造自然界的活动，与其他职业活动主要是直接干预和改造社会的活动不同；最后，工程师的职业活动对自然的影响更大一些，尽管其他职业活动也会对自然产生一定的影响。由于工程师从事的职业活动与自然环境紧密相关，他们对环境承担更多的责任。工程师承担着环境生态责任，通过履行自己的社会角色，他们可以减少对环境的破坏，促进工程与环境之间的良性互动关系。

(二)社会可持续发展的呼唤

随着经济和社会的发展，全球人口不断增长，工业化带来的能源和资源消耗量激增，同时也伴随着各种污染物排放量的激增。这种情况引发了资源短缺、环境污染、生态破坏和气候变化等一系列威胁人类生存和发展的生态危机。从 1972 年的人类环境大会，到 1992 年的全球环境和发展大会，再到 2012 年的世界可持续发展大会，人类社会逐步形成了对可持续发展的共识和愿景，即人类应与自然和谐一致，实现可持续发展并为后代提供良好的生存和发展空间，应珍惜人类共有的资源环境，以有偿的方式利用自然资源。

在这一背景下，工程师尤其是当代工程师肩负着推动人类社会走上可持续发展之路的重要责任。作为工程活动的设计者、管理者、实施者和监督者，工程技术人员在解决环境问题中扮演着关键角色，他们是推动我国社会可持续发展的中坚力量。例如，在造纸、印染、染料、制革、炼油、农药等行业中，面临着"三废"问题突出的挑战，工程师需要积极应对和解决废气、污水、固体废物和垃圾处理等问题。在汽车制造工程领域，工程师也面临着如何生产既节能又环保的汽车的挑战。解决这些问题需要工程师积极参与并寻找合适的解决方案。

(三)工程回归自然的必然性

工程回归自然的必然性是指在工程建造和报废过程中，都会向自然环境排放废物。恩格斯曾指出："一切生产出来的东西，都一定要灭亡。"自然界是唯一能够接纳工程废弃物的场所。自然界具有自我净化和自我恢复的能力，当人类向自然环境排放少量污染物时，自然界能够通过大气、水、土壤等的扩散、稀释、氧化还原、生物降解等过程，使污染物的浓度和毒性自然降低。然而，如果排放的物质超过了环境的自净能力和地球的承载能力，就会导致环境质量变差，破坏原有的生态平衡，危害人类健康和生存，形成环境污染。工程师作为工业工程的主导力量，肩负着治理和预防工程引发的环境污染的责任。

工程对环境的影响有时不会立即显现，可能经过多年的积累才会变成对人类的灾难性破坏，不仅影响当代人的生存质量，也会毁灭我们后代的生存基础。正如陈万求指出：

"工程师对未来人类的尊重、责任与义务,即工程师'远距离的伦理责任':从时间上看,不仅目前活着的人是工程师责任的对象,而且那些还没有出生的未来的人——我们的子孙后代也是工程师环境伦理责任的对象。"①

第二节　工程师的生态伦理责任

工程科学技术在推动人类物质文明的进步中一直起发动机的作用。同时,工程也是消耗资源、破坏环境的主要领域。工程师作为工程活动的主体,是开发和改造自然环境的主要力量,理应在生态环境保护中发挥关键作用。以往对工程师的伦理规范和责任要求主要指向人类自身的利益,只为人类的健康和安全负责,较少涉及自然环境和生态利益。"绿色思潮"和"环境正义"等理论以及环境伦理学的兴起,对工程师提出了更高的生态伦理责任要求。

一、工程师生态伦理责任的理论来源

思考工程师的环境伦理责任问题,需要对相关理论进行梳理,找出其理论来源。基于工程师职业伦理的当代发展,通过文献梳理,整理了中国传统和谐发展观、西方环境伦理观、马克思主义生态伦理观、习近平生态文明思想相关理论对生态责任观念论述。

(一)中国传统和谐发展观

中华文明传承至今从未断代,上下五千年的历史里,我国涌现出了众多杰出的思想家,他们认为,和谐是推动事物发展的动力和产生新事物的根源。传统和谐发展观以崇尚和谐、追求和谐为价值取向,融思想观念、思维方式、行为规范、社会风尚为一体,反映着人们对和谐社会的总体认识、基本理念和理想追求。

《中庸》明确,"唯天下至诚,未能尽其性。"天地化育,万物共生。人类作为自然之灵,应当主动承担起保护自然的责任。如果只考虑眼前的利益,忽视长远利益,最终必然会被天地所惩罚。《庄子·天地》中就以技术阐述道家的思想,既重视科学技术的发展,同时又与时代相契合的观点,这一典故充分表明,先民们早在两千年前便清楚"应当一分为二地看待技术"。中华传统文化中的"和合"思想是我国传统文化的精髓体现,强调人与自然、人与社会、人与人之间的融洽,强调差异性、多样性的彼此共存、相互交融与共同发展。

(二)西方环境伦理思想

西方环境伦理思想主要包括人类中心主义、动物权利主义、生态学观点和可持续发

---

① 陈万求.论工程师的环境伦理责任[J].科学技术与辩证法,2006(5):61-62.

展。人类中心主义认为人类的价值和利益高于环境和其他生物,环境保护是为了人类的福祉和生存。动物权利主义关注动物的权利和福利,认为动物具有独立的权利,应该受到尊重和保护。生态学观点强调生物之间的相互依赖和生态系统的整体性,强调保护整个生态系统的稳定和多样性。可持续发展强调满足当前需求,而不影响未来世代满足其需求的能力,追求经济、社会和环境的协调发展,以确保资源的永续利用和环境的保护。

西方环境伦理学的观点与当代工程观不谋而合,工程环境伦理要求工程师尊重自然环境的生态平衡和自然过程,避免破坏或损害自然生态系统,并考虑工程项目的长期影响,促进可持续发展,同时满足当代人和后代人的需求。在工程实践中,工程师应该尽可能减少工程对环境的负面影响,包括减少能源消耗、降低污染排放、减少生物多样性的损失等。工程师的环境责任还要求其保证工程项目对人类和环境的安全性,避免工程事故和环境破坏对人类和环境造成不可逆转的损害。同时,要求工程师对工程项目的环境影响进行评估和监测,并承担相应的责任。

(三)马克思主义生态伦理观

马克思主义的绿色发展观由马恩的绿色发展思想演化而来。《资本论》《自然辩证法》等著作包含了丰富的绿色发展思想。其中,马克思的自然概念包括自在自然和人化自然两方面的内容,其中的自在自然包括人类社会前的自然,还包括人类活动以外的自然界,即是人类认识和实践活动的对象的自然。

马克思主义的生态伦理可以由三个层次来解释:自然主义、人道主义和共产主义。自然主义的道德感情是对大自然的爱和尊重。人类和自然的伦理关系,从自在的观点来看,还没有明确地表现出来,所以马克思认为原始宗教对自然的崇拜不能说是生态伦理,和动物狭隘的意识相似。人类对自然的依赖关系,从自然主义的角度进行分析,只有在人类的自由和自觉的界面上,才有可能对生态道德的产生作出贡献。人道主义的生态伦理观是重视自然,实现技术革新和科学认识的核心统一。就共产主义而言,其实践活动对生态伦理的发展起着极其重要的作用。

(四)习近平生态文明思想

马克思、恩格斯的生态观是绿色发展观的理论基础,毛泽东、邓小平、江泽民为核心的中国共产党就可持续发展的摸索期为马克思主义绿色发展观诞生打下了实践基础。党的十六大成功召开之后,我国的马克思主义绿色发展观实现了飞跃式的进步,诸多思想及实践均围绕其展开,为推动可持续发展作出了卓越的贡献①。进入新时代,习近平总书记提出了"绿水青山就是金山银山"的著名论断,这是习近平生态文明思想的核心价值观,其时代性体现为"既要绿水青山,也要金山银山;宁要绿水青山,不要金山银山,而且绿水青山就是金山银山"的三段论。党的十八届五中全会首次提出了创新、协调、绿色、开放、共享

---

① 刘玉高,陶泽元.马克思恩格斯绿色发展观及其当代再现[J].中南民族大学学报(人文社会科学版),2016(3):93.

的新发展理念。习近平生态文明思想充分认识到应当将经济建设与生态文明建设有机地结合起来,就"怎样发展,实现怎样的发展"等等问题展开了细致的讨论,重新定性了绿色发展的概念及内涵。从传统发展观到践行新发展理念,建设创新型国家和世界科技强国,是中华民族可持续发展的迫切要求和必由之路。

> **案例:浙江安吉余村的"绿水青山路"**
>
> 　20 世纪 90 年代初,浙江安吉余村炸山开矿、修路建厂,迅速成为安吉有名的富裕村。经济效益提高的同时,也产生了突出的环境问题。2003 年,随着浙江全面启动生态省建设,余村下定决心,关停污染环境的厂矿,但村集体经济收入因此急转直下。2005 年 8 月 15 日,时任浙江省委书记的习近平提出"绿水青山就是金山银山"的理念,为处在小山村保护生态与发展经济"两难"困境中的余村指明了方向。在这一理念指引下,当地加大生态修复力度,转变经济发展思路,大力发展乡村旅游,在建设美丽乡村方面迈出新步伐。经过多年建设,作为"绿水青山就是金山银山"理念发源地的余村,已被联合国世界旅游组织评选为首批"最佳旅游乡村"。

二、工程师生态伦理责任内容

　　工程师作为科技应用的推动者和技术创造者,利用自然环境中的物质和能量进行工程产品的设计和制造过程,他主要接触的是自然物,是开发和改造自然环境的主要力量。工程共同体各个成员中,工程师在生态环境保护中起关键作用,不仅要承担技术和工程方面的责任,还应该担负起生态伦理责任。工程师生态伦理责任是在科技发展和工程实践过程中丰富起来的,工程师要承担保护环境、促进可持续发展以及尊重生物多样性等方面的责任。

(一)从强调忠诚转向生态责任

　　生态伦理责任强调工程师应该在工程设计和实施过程中考虑环境影响和可持续性。在过去,工程师的伦理责任主要强调忠诚于雇主和客户,以确保工程项目的成功和利益最大化。然而,随着环境问题日益凸显和公众对环境保护的呼声不断增加,工程师的职业伦理也逐渐发生了变化,伦理责任也逐渐转向了生态伦理责任。

　　公众环境意识的提高。美国生物学家、海洋生物学家和科学作家蕾切尔·卡逊(Rachel Carson)1962 年出版《寂静的春天》,揭示了农药杀虫剂 DDT 对环境的污染和破坏作用,并提出了对人类健康和生态系统的威胁。卡逊的著作在当时引起了巨大的反响,公众对环境问题的认识和关注度不断提高,人们越来越意识到环境污染和破坏对人类和自然生态系统的巨大影响。这种环境意识的提高,促使工程师意识到他们在工程实践中对环境负有责任。

　　相关法规和标准的制定。联合国世界第一次环境保护大会于 1972 年 6 月 5 日至 16 日在瑞典斯德哥尔摩举行,大会通过了《联合国人类环境宣言》(Stockholm Declaration)

和《人类环境宣言行动计划》(Action Plan for the Human Environment)，这两个文件成为后来全球环境保护政策和行动的基础。各国政府和国际组织相继出台了一系列环境保护法规和标准，要求工程项目在设计、实施和运营中遵守环境保护的要求。这些法规和标准的制定为工程师强调生态伦理责任提供了法律和规范的支持。

工程师职业道德的演变。工程师的职业道德一直在不断演变，从最初的强调技术专业性和忠诚于雇主，到如今更加关注社会和环境责任。工程师逐渐认识到他们的职业行为对环境和社会的影响，因此开始重视生态伦理责任。这种转变反映了社会对工程师在工程实践中应承担的更加广泛的责任和角色的期望，以促进可持续发展和保护环境。

（二）工程师要承担生态伦理责任

随着环境问题日益严重，生态伦理责任成了工程师必须面对和承担的责任。美国土木工程师协会(ASCE)伦理章程基本准则第一条就是"工程师应当把公众的安全、健康和福祉置于首位，并且在履行他们职业责任的过程中努力遵守可持续发展原则"。世界工程组织联盟(World Federation of Engineering Organization，WFEO)工程与环境委员会明确而坚定地相信：人类的幸福及其在这个星球上的永存将取决于对环境的关爱和保护，并对所有工程师提出以下内容的环境伦理规范。[①] 2004年世界工程师大会公布《上海宣言》指出，工程师应当创造和利用各种方法最大限度地减少资源浪费，降低污染，保护人类健康幸福和生态环境。

具体来说，工程师在生态伦理责任方面可以做以下几点：

1. 做好环境影响评估

许多国家和地区都制定了环境影响评估的法规和标准，要求工程项目在启动之前进行环境影响评估。环境影响评估是一个系统性的过程，用于评估工程项目对环境的潜在影响，并提供相应的管理和减轻措施。工程师充分了解项目可能对环境造成的影响，包括评估项目对土地、水资源、空气质量、生物多样性等的潜在影响。工程师识别并解决项目可能对当地社区和居民造成的负面影响，包括噪声、震动、交通拥堵等，更好地满足社会的需求和利益。工程师识别和评估项目可能面临的环境风险，如土壤污染、水污染、自然灾害等，确保项目的顺利进行和可持续发展。

2. 可持续的项目规划和设计

工程师在项目规划和设计阶段，应该优先考虑采用环境友好和资源可持续利用的技术方案，包括减少资源消耗、优化能源效率、采用可再生能源、使用环保材料等。工程师应该优先选择环境友好型的材料和技术，寻求减少废物排放和污染物排放的方法。

3. 推动循环经济和废物管理

在工程实施和运营过程中，工程师应该监测和控制环境影响，并采取适当的措施防止

---

① P. Aarne Vesilind，Alastair S. Gunn. 工程、伦理与环境[M]. 吴晓东，翁端，译. 北京：清华大学出版社，2003：73

环境污染和生态破坏。工程师可以参与设计和推动循环经济解决方案,促进废物和副产品的再利用和再生利用。工程师应该遵守相关的环境法规和标准,积极参与环境评估和监测,及时处理和修复环境问题。工程师还应该在工程项目结束后负起回收和再利用废弃物的责任,以减少对自然环境的负面影响。

4.投身生态文明教育和宣传

工程师可以参与学校或社区的环境教育活动,向学生和公众传授环境保护知识和技能。工程师可以策划和组织世界环境日、地球日等宣传活动,组织环保讲座和培训,传播环保知识,提高公众对环境问题的认识和关注度。他们可以参与环境调查和监测工作,提供专业意见和技术支持,推动环境保护政策的制定和实施。还可以积极参与环保组织和社会团体,为环境保护事业做出贡献。

总之,工程师的生态伦理责任是在技术和工程实践中,积极关注环境保护、可持续发展和生物多样性等因素,以促进人与自然和谐共存的目标。通过强调生态责任,工程师可以为实现可持续发展和环境保护做出积极的贡献。

三、工程共同体的生态伦理责任

现代工程技术复杂、规模宏大,对环境的破坏一旦产生往往会造成极为严重的后果,是工程师个体无法承担和追责的。工程共同体占据了工程实践的主体地位,工程共同体的生态伦理责任也是工程伦理学关注和研究的主要内容。

(一)工程共同体生态伦理责任的内容

工程对生态环境和可持续发展的影响日益引发广泛关注,而工程共同体作为工程的实践者,他们的环境伦理责任是值得探讨的。首先是工程共同体作为统一的整体在处理工程与环境关系时所应具备的环境伦理意识,所应承担的环境责任;其次是工程共同体内部成员作为个体在面对其特殊的岗位职责、追求个人利益时,如何协调自我利益与环境责任的矛盾和冲突,这就需要培养成员的环境伦理意识,明确环境责任规范。

"在工程实践过程中,需要并且应该进行环境伦理规范的还包括工程共同体的其他成员——雇主、顾客、同事等,以及专业协会和参与工程技术管理与决策的政府机构人员及相关公众,因为他们也是一项工程从设计到施工,再到完成运行所不可缺少的。"[①]工程共同体的环境责任包括几个方面的内容:①评估、消除或减少关于工程项目、过程和产品的决策所带来的短期的、直接的影响以及长期的、直接的影响。②减少工程项目以产品在整个生命周期对于环境以及社会的负面影响,尤其是使用阶段。③建立一种透明和公开的文化,在这种文化中,关于工程的环境以及其他方面的风险的毫无偏见的信息(客观、真实)必须和公众有个公平的交流。①促进技术的正面发展用来解决难题,同时减少技术的

---

① 肖显静,顾敏.泰勒生物中心论与工程师环境伦理抉择[J].山西大学学报(哲学社会科学版),2008,31(4):1—6.

环境风险。⑤认识到环境利益的内在价值,而不要像过去一样将环境看作是免费产品。⑥国家间、国际以及代际间的资源以及分配问题。⑦促进合作而不是竞争战略。①

(二)工程共同体成员生态伦理责任

1.政府责任

政府是加强环境保护、实现可持续发展的重要、关键环节,作为市场活动包括工程活动的管理者,政府机构有时也兼具投资者或是利益相关者的身份,尤其是大型公共工程设施建设,政府是发起者、组织者和参与者,起着主导性作用。即使在企业的工程项目中,政府也作为管理者对工程的规划、建设、运营起着全程的管控和监督。

> **案例:三亚凤凰岛二期填海项目破坏生态环境问题**
>
> 2023年年初,四集电视专题片《永远吹冲锋号》第二集《政治监督》在中央广播电视总台央视综合频道播出。片中披露了海南三亚凤凰岛二期项目违建及整治不力背后的细节,涉及两任先后主政三亚的领导干部。三亚市凤凰岛项目原为白排国际客运码头和人工岛工程项目。凤凰岛一期填海36.53公顷,形成1号人工岛,2003年竣工后,附近海岸线明显出现了沙滩退化现象。凤凰岛二期立项讨论时,不少干部因此提出了反对意见,但2008年至2014年任三亚市委副书记、市长王某将其视为自己留下的"政绩",执意推动,在他任内启动修建。2017年,

> 中央环保督察组发现了该项目对生态环境的多方面危害。2018年,童某被任命为海南省委常委、三亚市委书记,考虑到凤凰岛二期时间跨度长、投资金额大,整改拆除要触碰到多方利益,明拖暗顶,不作实质整改。童某和王某严重违反政治纪律和政治规矩,并且存在其他严重违纪违法问题,先后被开除党籍和公职。

政府作为工程共同体的管理者承担生态责任,主要起着引导、监督和协调作用。建立健全环境保护基本制度,制定并组织实施环境保护政策、规划,组织制定各类环境保护标准、基准和技术规范,完善工程项目相关的生态规制立法;在工程决策和审批阶段对项目进行环境影响评价;在工程项目不同阶段建立审查、监测和监管制度,组织实施环境审计、节能减排、环保执法等;完善工程项目污染的问责机制,负责环境问题的统筹协调和监督管理,协调环境污染事故和生态破坏事件的调查处理。

2.投资者责任

工程共同体的投资者负责资金投入,为了在未来可预见的时期内获取收益,实现资本增值,工程的经济效益是投资者考虑的首要原则,一般较少考虑生态因素。随着整个社会对生态问题的重视,环境成本也应纳入工程投资者统筹考虑范围之内,单纯追求利润而忽

---

① 肖显静.论工程共同体的环境伦理责任[J].伦理学研究,2009(6):65—70.

视环境保护,将会付出更大代价,严重损害到企业利润和投资者利益。投资者在工程决策、实施过程中起着重要作用,也必须对工程共同体的生态责任担负重责。当前的公共政策、环境保护法律法规也对投资者起到一定的导向作用,企业可以通过一系列的绿色技术创新承担起环境责任,研发环保技术,设计节能高效的产品,制定适用于全行业的绿色环保标准。有着良好环保声誉、积极践行环保理念的投资者或企业会从公众和政府部门取得支持和资助,从市场上收获利益;反之,肆意破坏生态环境的企业将被重罚,被市场所淘汰。

3.管理者责任

工程共同体的管理者主要指项目管理者,一般是受投资者委托负责管理工程项目。管理者负责工程建设和方案实施,比如工期计划进度,资源人员的调度,预算分配,设备采购等。管理者的任务是要在工程计划时间和预算内完成工程,确保质量。项目管理者虽然无法像政府机构那样从宏观层面进行环境管理,但也可进行工程微观层面的环境管理,承担并履行环境伦理责任。比如了解并遵守相关环保法律法规,制定和落实工程项目的环保措施和方案,围绕这些方案组织开展工程活动;工程建设前出具环境影响评估报告,依照相关环保制度组织施工,重视生产全过程的污染防治。运用节能技术,实施污染防治措施,加强现场环境管理,采取有效手段消除或减轻工程活动对环境的污染和危害。

4.利益相关者责任

工程的利益相关者还包括客户(工程的使用者)、工程建设区域的社区居民、工程移民,这些相关者对环境问题更加敏感,因为直接涉及他们的切身利益,还包括一些专家和环保志愿者。云南怒江大坝工程被搁置,主要原因是电力产能过剩和环保压力,从2003年怒江修大坝建电站被提出议程,到2016年云南省委表示叫停怒江小水电,围绕建还是不建的论战持续十多年,并在相当程度上影响了政府决策,以至于怒江水电开发搁置至今。反对怒江大坝工程的力量主要是一些民间环保组织,最核心的是北京的"绿色家园"和"云南大众流域",中国民间环保NGO(非政府组织)质疑并最终改变了政府决策,公民的环保活动在提高社会环境意识,影响政府决策发挥了重要作用。

综上所述,工程共同体成员承担生态伦理责任的角色,包括政府责任、投资者责任、管理者责任和利益相关者责任。这些责任的履行将有助于保护生态环境,促进可持续发展,并实现工程项目的社会和环境效益。

四、工程生态伦理责任的特征

工程师职业活动中承担的生态责任是多方面的。一方面,工程师要承担生态法律责任,又可分为生态民事责任、生态行政责任和生态刑事责任等;另一方面工程师在职业活动中又必须承担生态伦理责任。作为伦理责任的工程师生态责任,具有以下几个特点:

(一)生态伦理责任是一种道德责任

党的十八大以来,通过宪法修正案,将生态文明写入宪法,制定了7部生态环境法律,修改了 17 部生态环境保护法律。用最严格的制度、最严密的法治保护生态环境,将生态文明建设必须遵循的基本理念、基本原则、基本制度以法律的形式确定下来。生态法律责任是借助国家强制力来保证实施的,工程师违反生态环境法律,就会受到法律惩罚。与此不同,生态环境的伦理责任,不是使用武力为自己开辟道路,是借助于传统习惯、社会舆论和工程师内心信念良心来维系,是工程师道德上的自律。环境伦理责任作为一种非国家强制性的责任,必然要求工程师真心诚意地接受它,并且转化为工程师的道德情感、道德意志和道德信念,自觉服膺生态伦理责任的规范。

(二)生态伦理责任是一种对未来人类承担的责任

环境伦理责任既是工程师对当代人的生态责任,对同一种族、同一文化圈内当代人承担生态伦理责任,也是工程师对未来人类的尊重、责任与义务;从时间上看,不仅目前活着的人是工程师责任的对象,而且那些还没有出生的未来的人——我们的子孙后代也是工程师生态伦理责任的对象。工程师对未来的人们有着不可推卸的责任,在他自己与未来人之间把握住一个正确的尺度。环境伦理责任要求工程师在工程活动中做到"代内公平"和"代际公平"相结合。

(三)生态伦理责任是全过程的责任

在工程活动进行之前,工程师应该对工程活动实施后可能造成的环境影响进行分析、预测和评估,提出预防或减轻不良环境影响的对策和措施,选择最好的对环境可持续发展最合理的工程方案。在工程活动实施过程中,要分析并采取行动以减少工程活动中可能发生的环境影响,尽量采用生态生产技术,使不断进步的生态生产技术能够发挥真正的效力。同时实行清洁生产,使整个生产过程保持高度的生态效率和环境的零污染,生产出绿色产品。在工程活动之后,对工程活动的产品进行跟踪和监测,作好环境反馈工作。

(四)生态伦理责任一种新型社会责任形式

工程师传统的社会责任局限于人际道德领域。例如,对雇主:真诚服务、互信互利;对同事:分工合作、承先启后;对社会:守法奉献、服务公众。工程技术活动对自然环境产生巨大影响,涉及生命和自然界的利益,产生了工程师对自然环境的责任,工程师的社会责任由人际责任扩展到生态责任。大多数工程师对自身承担的环境法律责任有相当程度的了解,工程师本人对社会赋予他们的这种对崭新的道德责任的认识不多,对生态伦理责任的认识还处在一个低水平的认识发展阶段。需要通过科学的工程师生态伦理教育,培养和加强工程师生态环境责任意识。

第三节 工程师生态责任的实现路径

20 世纪 60 年代,环境问题的受关注度持续高涨,人们尝试用各种智慧解决这一时代课题,工程界积极实践"工业生态学"、"循环经济"、"清洁生产"等相关理论,以期实现人与自然、生态之间的可持续发展。实践证明,工程师可以积极履行生态责任,推动工程领域向着可持续发展的方向发展。

一、绿色工程观

生态文明的思维模式对当代工程观产生必然影响,工业社会的传统工程观正转化为全新的绿色工程生态观。所谓"绿色工程观",是指在工程项目的规划、设计、施工和运营过程中,注重环境保护和可持续发展,以减少对自然资源的消耗和对环境的负面影响。绿色工程观强调工程项目的整个生命周期中实现工程与环境之间的协调和平衡,包含四个思想:工程与生态环境相协调的思想,就是尊重自然,把工程事务作为自然生态循环的一个环节;工程与生态环境优化的思想,通过工程活动对环境进行重建和优化;工程与生态技术循环思想,工程活动在技术环节上注重和体现生态循环的价值;工程与生态再造思想,即通过工程实现生态良性循环的工程再造。①

树立"绿色工程观",不仅符合当今社会的发展需求,也有助于保护自然环境,改善人类生活质量,实现生态文明建设的目标。工程不再是一味改造自然的活动,而是创造出既对社会负责又对环境友好的产品,达到经济发展和改善环境双赢的目的。在工程项目的初期阶段,进行全面的环境评估和规划,评估项目对环境的影响和风险,并制定相应的环境保护措施和管理计划。在工程设计和施工过程中,采用节能减排的技术和设备,鼓励资源的循环利用,最大限度地减少废弃物的产生和对自然资源的消耗。在工程项目的实施过程中,通过优化工程设计、提高资源利用效率、减少运营成本等手段,实现经济效益和环境效益的双赢。

二、工业生态学

工业生态学又称产业生态学,是一门为人类可持续发展服务的新兴综合性交叉学科,研究的是工业系统与自然环境之间的相互作用和相互关系。1989年一篇题为《可持续工业发展战略》的文章中正式提出了工业生态学概念。工业生态学是生态工业的基础学科,将工业系统视为自然生态系统的一个子系统,以自然生态系统为基础,同时也受制于自然。工业系统中的物质、能量和信息的流动与传递,可以像在自然生态系统中那样循环运行,维持自身的平衡与发展。因此工业系统要尽量效仿生态系统的运行模式,实现自身的进步和优化。

随着经济和技术的发展,工业系统效仿自然生态系统,重新设计、控制和优化工业活动,通过资源、能源和资金等因素优化整个循环系统,使环境承载能力保持稳定状态,进而实现人类社会的可持续发展。"工程界积极从事体现生态法则的工业工程的工作,并形成一系列初见成效的技术措施,形成了以系统分析为核心方法,以工业代谢分析、生命周期

---

① 殷瑞钰,汪应洛,李伯聪,等.工程哲学[M].北京:高等教育出版社,2007:207—210.

评价、生态设计为手段,逐步建立起以对产品在整个生命周期内的环境影响进行综合考察的工业生态学理论。"①

三、循环经济

循环经济萌芽诞生于 20 世纪 60 年代的美国,20 世纪 90 年代之后,发展知识经济和循环经济成为国际社会的两大趋势。"循环经济"这一术语在中国出现于 20 世纪 90 年代中期。国家发改委将循环经济定义为"是一种以资源的高效利用和循环利用为核心,以减量化、再利用、资源化为原则,以低消耗、低排放、高效率为基本特征,符合可持续发展理念的经济增长模式。"循环经济是指在人、自然资源和科学技术的大系统内,把传统的依赖资源消耗的线形增长的经济,转变为依靠生态型资源循环来发展的经济,被政府确定为国家发展战略的重要组成部分,成为我国绿色发展理论研究和实践的热点。

作为一项系统工程,循环经济期望以最小的环境成本,获取尽可能大的经济和社会效益。作为一种经济发展模式,循环经济集中体现了可持续发展的原则。近十多年来,我国发展循环经济的措施主要有:制定了一系列政策和法规,《循环经济促进法》的颁布实施,明确了循环经济发展的目标和政策措施,推动循环经济的发展。建立了废弃物分类和资源化利用的政策和法规体系,推动废弃物的减量化、资源化和无害化处理,促进废弃物的资源化利用。大力推进节能与资源循环利用技术和产业的发展,促进了资源的高效利用和减少了对自然资源的消耗。这些成就体现了中国在循环经济发展方面所做的努力和取得的进展。

四、清洁生产

清洁生产的基本内涵是对产品和产品的生产过程、产品及服务采取预防污染的策略来减少污染物的产生。清洁生产又被称为"废物减量化"、"无废工艺"、"污染预防"等,是人类面对工业社会的工业污染和环境问题而采取的一项环保措施。1989 年联合国环境署工业与环境规划活动中心制定了《清洁生产计划》,认为清洁生产是从原料、生产到产品使用全过程的广义的污染防治途径。清洁生产是一种新的创造性的思想,将整体预防的环境战略持续应用于生产过程、产品和服务中,以增加生态效率和减少人类及环境的风险,在全球范围内推行清洁生产。

中国于 1994 年提出"中国 21 世纪议程",将清洁生产列为"重点项目"之一。议程将清洁生产定义为既可满足人们的需要又可合理使用自然资源和能源并保护环境的实用生产方法和措施,将成为今后产品生产的主导方向。中国建立了清洁生产标准和认证体系,推行了 ISO 14001 环境管理体系认证,鼓励企业制定和实施清洁生产措施。中国加强了对工业企业的环境监管和排污治理,通过引导企业采取清洁生产措施,减少了污染物的排放量。采取产品绿色设计,使用清洁的能源和原料,采用先进的工艺技术与设备,从源头

---

① 殷瑞钰,汪应洛,李伯聪,等. 工程哲学[M].北京:高等教育出版社,2007:204.

消减污染,推动废弃物的分类、回收和再加工利用,在实现经济利益的同时减少工业活动对生态的危害。

复习思考题

1.如何看待工程、科技与环境之间的关系?

2.科技理性价值观对工程的影响是什么?

3.简述生态整体主义的思想。

4.简述工程生态观。

5.工程共同体如何承担生态责任?

6.工程师如何承担生态责任?

案例分析题

某校化学工程系的某学生在毕业后在一家小公司幸运地找到了一份工作。很快他发现这是一项对环境有严重破坏效果的工程。经过初步考虑,他发现自己主要有四个选择:①辞职。这样一来可以避免自己做破坏环境、违背伦理的事情。但是,在当时恶劣的经济状况和就业环境之下,再找一份工作绝非易事。在尊重个人利益的西方价值体系中,这种考虑是合乎情理的。②劝说公司老板增加环保措施。事实上在此之前已经有工程师提出过这种建议,结果是惨遭解雇。③告密。希望政府环保部门能够阻止这项工程的继续实施,政府可能对公司科以罚款,公司将倒闭,最终他还是会失去工作。最重要的是,告密违反了"对雇主忠诚"的原则。在欧美早期的各种工程师职业规范中,这一条曾经被列为"最高原则"。当代工程伦理体系尽管加上了"对职业的忠诚"和"对社会公共利益的忠诚",然而"对雇主忠诚"和"保密原则"仍然得到工程界和社会公众的普遍承认。④若无其事、继续工作。这样虽然可以暂时保住工作,但是必须昧着良心干破坏环境的工作。而且一旦东窗事发,同样面临公司倒闭和个人失业的命运。更严重的是,这个年轻人还会失去经过几年努力而获得的"职业工程师"执照,而且短期之内无法重新申请。

你觉得该化学工程师该何去何从? 并说明理由。

第七章　工程师职业伦理建设与跨文化实践

我国正处于现代化建设的重要时期,是名副其实的"工程大国",越来越多的工程师走出国门,承建国际工程项目。在不同的文化背景之下,工程是否有相同的伦理规范? 工程师何时应该采用东道国的价值观和实践? 是否应当制定超越不同文化的国际工程伦理规范? 因此,工程师要了解东道国的政治、经济、社会、文化等综合国情,遵守东道国的职业伦理规范和相关法律规定,获得更多承揽跨国工程的机会。

第一节　超文化规范的应用与选择

东道国有着与本土国不同的工程实践、传统和价值观,由此便引发了工程与文化之间关系的问题,我们称它为超文化规范。我们不能指望原有的职业规范能够提供足够的适用于跨国的工程伦理,直接解决各种国际的伦理问题。一方面,我国工程职业化发展水平还不高,工程师职业伦理规范的发展滞后于工程实践的发展。我国的工程师需要了解国外职业工程社团发展情况,进一步掌握国际工程职业标准。另一方面,我们要掌握和适应跨文化伦理规范,形成我国工程师走出去的职业伦理规范。

一、寻求超文化规范

工程领域越来越多地涉及跨国、跨文化的合作和项目,工程师职业伦理建设需要走向世界,具备全球视野和跨文化合作交流。工程师要学习和寻求超越了特定的文化差异道德准则和职业规范,适应在不同工程文化背景下的工程实践活动,并以负责任的态度履行自己的职责。以下是一些工程师可以寻求超文化规范的方法:

(一)学习伦理哲学家和宗教学者的著作

查询那些主要的伦理哲学家和宗教学者的著作,他们包含了道德黄金法则。例如,公元前五世纪的古希腊哲学家亚里士多德为代表的古希腊哲学家,提出了以"理智"为驱动的"善"的观点;对尊重人的伦理学和功利主义理论的深刻领悟;孔子的"己所不欲,勿施于人";国际文献例如联合国的《世界人权宣言》;这些道德观念是我们进行道德推理的主要基础。运用这些道德黄金法则,可以这样扪心自问:"如果我是东道国的公民,那么我会期待外国工程师或商人在我们国家如何言行呢?"

我们要直接阅读这些哲学家和宗教学者的原著,是理解他们思想的最好方式。通过阅读他们的著作,了解他们对道德黄金法则的解释和应用。除了直接阅读原著外,还可以研究与这些思想家和宗教学者相关的学术文献和评论,帮助理解和应用道德黄金法则。采取系统的学习计划,与其他工程伦理的学习者和专家进行讨论和交流,加深对道德黄金法则的理解和运用能力。

(二)了解国际工程组织和协会制定的伦理准则

许多国际工程组织和协会都制定了专门的伦理准则,来规范工程师的职业行为。美国工程师协会(ASCE)制定了"工程师的职业责任准则"(Code of Ethics),该准则强调了工程师应该以公众利益为导向、保持诚实和透明、推动可持续发展等职业行为规范。欧洲工程师协会联盟(FEANI)制定的"工程师的伦理准则",该准则强调了工程师应该保持专业素养、尊重环境和社会、提供高质量的服务等。国际科学联合会(ICSU)制定的"工程师和科学家的伦理准则",该准则强调了科学家和工程师在研究和开发新技术时,必须遵守伦理规范和法律法规。这些伦理准则在国际工程实践中起着重要的指导作用,帮助工程师们在职业中保持高标准的道德和职业行为,促进工程实践的可持续发展和社会进步。尽管可以认为这些文献最初起源于西方,这些准则通常具有全球适用性,提供了跨文化背景下的工程伦理指南。

(三)熟悉各类国外工程社团规范

跨文化工程伦理规范的学习,可以帮助工程师更好地理解和应对不同文化背景下的伦理挑战,促进全球范围内的工程实践的规范性和可持续性。许多国外工程社团的规范和章程都强调工程师应将公众的安全、健康和福祉置于首要的地位。美国工程师协会(ASCE)的"工程师的职业责任准则"中明确要求工程师保护公众的安全、健康和福祉。世界工程组织联合会(WFEO)和联合国教科文组织联合发起2004年上海世界工程师大会,向全球工程师发起号召,"工程师应担负起使人类生活更美好的重任。"日本土木工程规范包含了土木工程的各个方面,从基础设计到结构施工,从材料选用到验收标准,全面规范了土木工程项目的执行流程和技术要求。通过查询各类国外工程社团的规范和章程,可以获得更多关于工程师职业伦理的指导和参考,提升工程师的职业素养和道德意识。

二、超文化规范基本内容

当工程师参与国际工程项目或与来自不同文化背景的工程师合作时,应尊重并遵守当地的工程伦理规范,同时保持自身的专业道德和职业素养。将公众的安全、健康和福祉置于首要地位,遵守国家和地区的法律、法规和规章制度,尊重和包容不同文化、种族、性别、宗教和背景的人们,避免歧视和偏见。

(一)避免行贿和送礼

在国际环境下,工程师应该避免行贿和送厚礼,这是他们面临的最重要问题之一。这个问题非常复杂,因为有些被描述为贿赂的情况其实可以被归类为其他类型的行为。比如敲诈,它指的是以威胁对某人造成伤害的方式来获取自己并没有优先权的利益。还有打点,它是指为了加快平时的官僚决策过程(如货物通关、安装电话或处理法律文件)而给予的好处。在一些文化中,收受和赠送礼物被视为加强友谊的正当方式,而友谊被认为是商业活动的基础。然而,许多工程伦理规范明确禁止贿赂行为,这同样适用于国际环境。

(二)避免侵犯人权

工程活动中,有时为了维护集体的利益,可能忽视个人的人权。衡量"讲人权"的跨文化性质的一个标准就是联合国于1948年采纳的《国际人权宪章》,以及另外两份文件《经济、社会和文化国际公约》《公民权利和政治权利国际公约》。这些文件赋予人类如下的权利:生命权、自由权、人身安全、不受奴役权、不受酷刑或不人道侮辱性的惩罚、法律面前人人平等、有权得到公正审判和不受随意逮捕、活动自由权、婚姻权、财产所有权、思想自由、和平集会和参政权、享受社会保障和工作权、享受教育权、参加和组建商业组织的权利、不受歧视权、最低生活保障权。在应用工程规范,特别是福祉要求时,联合国这些文件列出的权利是一个重要的指南。

应当注意,虽然这些权利有许多可以跨文化直接适用,但它们必须结合环境加以应用。考虑到东道国的经济、法律和习俗的特点,可以根据经济因素的不同依赖程度划分出两类问题:

第一类问题是直接与经济因素相关的、依赖技术发展水平的。这类问题与东道国的经济发展状况和经济因素密切相关,涉及劳动权利、社会福利,关注贫困人群的基本生存需求和机会平等问题。中国始终坚持以生存权和发展权为首要的基本人权。习近平总书记深刻指出,"生存是享有一切人权的基础,人民幸福生活是最大的人权。"[①]没有生存权、发展权,其他一切人权均无从谈起。2021年9月,习近平总书记在第76届联合国大会一般性辩论上首次提出全球发展倡议,已得到联合国、其他国际与区域组织以及100多个国家的支持,实施了100多个早期收获项目,使60多个发展中国家受益。

第二类问题与经济因素不直接相关。这些问题与其他因素有关。例如,言论和媒体自由问题涉及言论、新闻媒体和网络的自由度、审查和限制等问题。宗教和信仰自由问题涉及宗教信仰、教派活动和宗教迫害等问题。性别平等和妇女权益问题关注性别歧视、对待妇女的暴力和保护妇女权益等问题。

在处理这些问题时,需要综合考虑东道国的经济、法律和习俗的特点,确保工程项目的规划、实施和监管符合国际人权标准和相关法律法规。无论这种违反人权的做法在东道国有多么普遍,工程师都坚决反对参与任何形式的人权歧视行为。

(三)增进东道国福祉

工程职业规范要求工程师把公众的福祉放在首要地位,应该在合理的范围内促进东道国的福祉。根据黄金法则,如果我们是东道国的公民,那么总体来说,我们会希望来我

---

① 《习近平谈治国理政》第三卷[M].北京:外文出版社,2020:288.

们国家的外国工程师和实业家能够帮助我们提升幸福感。以"一带一路"为例，到2022年，我国同"一带一路"相关国家的贸易额累计超过5万亿美元，对外直接投资超过600亿美元，为当地创造了20多万个就业岗位。首先，制造业投资商逐渐将一些劳动密集型行业转移到越南、老挝等东南亚国家，直接为当地创造了大量就业岗位。其次，"一带一路"地区的多数国家对外资项目实施用工限制，明确要求外资企业雇佣一定比例的当地员工。例如，沙特要求外资企业中本地员工比例不低于10%，甚至有些项目需要高于60%。因此，中国的对外直接投资为东道国居民创造了大量就业岗位，增加了劳动需求，提高了当地居民的收入水平。最后，中国的对外直接投资也可以通过职业培训将知识、技术和经验传授给劳动者，提高劳动者的工作效率，推动劳动报酬的增加。居民收入的改善可以使他们实现更高层次的个体需求，提升幸福感。

> **案例：中企承建首条特拉维夫轻轨开通**
>
> 2023年8月17日下午，以色列举行特拉维夫轻轨红线项目通车仪式，以色列总理内塔尼亚胡出席仪式时表示对以色列来说轻轨通车是节日般的盛事。以色列特拉维夫轻轨红线项目是"一带一路"倡议背景下中国企业承建的首条发达国家高端市场的轻轨项目，也是以色列建国以来最大的政府特许基础设施建设项目之一。项目全线由中国企业全产业链负责设计、制造、供货、施工、联调、维护等各项工作，历时8年修建完成。通车后，特拉维夫高峰期公共交通使用率预计将由25%提升至40%，私家车使用时间下降12%，通勤时间将大大缩短，极大缓解交通拥堵状况，进一步推动以色列城市群之间的商贸往来和人员交流。

（四）尊重东道国文化与法律

在与其他指导原则保持一致的情况下，应当尊重东道国的文化规范和法律。根据尊重人的伦理学，我们应当尊重个体的道德主体，其中包括尊重他们的文化规范和法律。根据黄金法则，作为东道国的公民，通常不会希望外国人违反东道国的价值观念和风俗习惯。同样的，外国人也不希望违反自己的良心。例如，对工程师而言，尊重那些认可奴隶制度和使用酷刑的文化规范可能是很困难的。在一些情况下，许多东道国的公民希望改变自己的传统规范，尤其是当这些传统规范阻碍了经济发展时。在另外一些情况下，东道国的公民可能会希望保持他们的规范和生活方式，即使以较低的经济发展为代价。当在国际环境下解决道德问题时，不必采取过分严厉的做法。根据黄金法则以及尊重人的伦理学的要求，最好遵守东道国的风俗习惯，除非你有充分的理由来拒绝它。

（五）保护当地公民健康与安全

保护东道国公民的健康与安全，也是一个普遍适用的工程伦理指导原则，大多数工程规范明确地认可了这一要求。"公众"包括东道国公民，也包括本土国的公民。如果我们努力把自己当作东道国的公民，那么毫无疑问我们不会希望外国工程师和实业家给我们的健康和安全带来危害。技术创新会给健康和安全带来危害，一种确定所有可避免的伤害是否已被消除的方法是询问:"为消除某种情形的有害之处,还有更多的我们可以合理地做的事吗?"如果有能力这么做而事实上却没有做,那么就很难认为正在尽其所能来避免对公众的健康和安全造成伤害。

(六)保护所在国生态环境

承担保护环境的责任。一些工程社团已设立了关注环境的条款,美国土木工程师学会 ASCE 规定:"工程师得把公共的安全、健康和福利放在首位,在履行其专业职责时努力遵守可持续发展原则。"电气电子工程师学会 IEEE 伦理准则,要求其成员"在做出符合公众安全、健康和福利的工程决策方面负起责任来,及时披露可能危害公众或环境的因素"。美国机械工程师学会 ASME 其伦理准则的第八条守则规定,"工程师在履行其专业责任时得考虑对环境的影响。"工程师应该意识到自己具有保护环境的责任,即使可能没有意识到,出于环境自身的考虑,他也负有保护环境的责任。一般而言,保护环境也是为了促进全人类的幸福。

三、应用超文化规范

上述国外工程伦理超文化规范的基本要求,可以作为工程师在跨文化环境中实践的指导原则。我国工程师走出去参加国外工程伦理实践并应用超文化规范时,应熟悉并尊重当地的法律、文化和价值观,适应当地的工作环境和文化习惯,并与当地工程师和利益相关方建立良好的合作关系。同时,保持开放的心态和学习的态度,努力学习当地的语言和沟通方式,以适应并应对跨文化环境中的挑战。

(一)适应超文化规范

我国工程师走出去从事国际工程活动时,除了应用一般的工程师职业伦理规范,还需要适应超文化规范。在与当地工程师和利益相关方合作时,要注重跨文化沟通和理解,避免因文化差异而产生的误解和摩擦。

(1)学习和了解目标国家的工程师职业伦理规范:在前往目标国家之前,工程师应该积极学习和了解目标国家的工程师职业伦理规范。可以查阅当地的法律、法规和行业标准,了解当地工程师所应遵守的准则和要求。

(2)尊重和遵守当地的法律和规定:工程师应严格遵守目标国家的法律和规定,确保工程项目符合当地的法定要求。这包括遵守当地的建筑、安全、环境等相关法规,并确保工程项目的质量和可靠性。

(3)尊重和融入当地文化:工程师需要尊重和融入当地文化,包括尊重当地的习俗、价值观和行为准则,当地工程师和利益相关方建立良好的沟通和合作关系。一是学习和尊重当地的文化规范。工程师应该积极学习和了解目标国家文化风俗,包括社交礼仪、沟通方式、商务习惯等。二是适应和融入当地的工作方式。每个国家和地区的工作时间、工作方式和管理风格可能存在差异,工程师需要灵活调整自己的工作方式,与当地工程师和利益相关方建立良好的合作关系。三是尊重和理解当地的价值观和信仰。不同文化有不同的价值观和信仰体系,工程师需要尊重并理解当地的价值观和信仰,避免言行上的冲突和冒犯。

(4)持续学习和发展:国际工程活动的环境和要求在不断变化,工程师应积极参与继续教育和专业发展活动,不断提升自己的跨文化能力和全球视野。通过学习和了解不同文化背景下的工程实践和经验,提升自己适应超文化规范的能力,提升国际工程活动的成功率和效果。

(二)超文化规范的选择

当使用超文化规范来评估时,本土国的文化习俗与东道国的文化习俗有时会表现出相似的成功。例如,礼节、着装、情感的表达以及问候方式等风俗习惯都具有同等的依据。对于那些我们认为具有明显的"道德"维度的风俗习惯也是如此。在做出选择时,我们应该尊重当地文化,同时也应考虑自身的价值观和业务需求。

(1)尊重和理解东道国的文化习俗。当两种地方习俗存在冲突时,应当采纳东道国的习俗。因为:第一,采用东道国的习俗通常会使得你在该国更受人欢迎。如果工程师是旨在赚钱的企业投资的一部分,如果相关人员都能与东道国居民和睦相处,那么投资就更有可能获得成功;而且,如果公司负责人采纳了东道国的习俗,那么这种和睦相处就更有可能做到。第二,接受地方风俗和规范是尊重当地文化的一种方式。第三,如果采纳东道国的习俗和生活方式,那么与东道国公民的交往会更有效。

(2)创造性的中间方式。创造性的中间方式是指在工程实践中,通过权衡和整合不同的道德原则、价值观和利益,寻求一种既能满足工程需求,又能尊重伦理规范和价值观的折中方案。超文化的创造性中间方式,为解决在本土国与东道国的风俗习惯之间的冲突提供了一种方法。例如,在存在向雇员的孩子和他的大家族的成员提供工作传统的国家里,外国公司可能会制定一项仅雇佣一位家庭成员的政策。这种方法既认可了地方习俗,同时又可以雇佣最能胜任这项工作的人,以及公平地对待其他求职者。

(3)均衡责任原则。工程师对其公司的决定应当承担适度的个人及职业责任。工程师在职业实践中有一定的权利和职责,但这些权利和职责是有限的。他们的职责是基于他们的专业知识和技能,为客户、雇主和公众提供专业的工程服务。例如,工程师通常不会参与工厂选址、生产决策、政府交涉、污染治理设备安装、员工住所提供、员工健康福利提供以及地方慈善事业的捐助等问题的决策。工程师的责任不应该超越他们的权利所及的范围,尊重并遵守相关方的决策和指示。

总的来说,选择哪种习俗需要综合考虑尊重和理解、法律和制度规定、业务需求和目标、双方协商和沟通以及道德价值观等因素。此外,工程师还负责工艺的设计、生产和实施,应当依据职业标准以及以满足东道国需求的方式来设计工艺。例如,如果一位工程师获悉东道国的农业劳作主要由妇女来完成,那么他就应该根据妇女的需求来从事设计。

第二节　国外工程伦理规范的经验与启示

工程伦理规范是工程职业的道德理想形式,其内部凝聚了职业精神,外部形成了社会契约,是工程师在工程实践活动中的道德指南和行动方针。各国的工程伦理规范有助于规范工程师的职业行为,促使形成工程师的团体道德理想,提升工程师个体的道德价值。对于工程师职业规范的发展现状,我们可以选择美国、日本、德国等国具有代表性的工程伦理规范进行比较和剖析,以便为我国工程师的职业规范建设提供经验和借鉴。

一、工程伦理守则剖析及其借鉴

在工程伦理观念下的行为规范是社会公认的一致性工程职业的行为规范、定律及原则。工程伦理观念通常都以伦理守则(包括准则、守则和规范)的方式建立,早在 20 世纪初期,一些发达国家就已经制定了工程伦理守则①。下面列出美国、日本、德国的工程师伦理准则并进行剖析。

(一)美国工程职业伦理规范

1911 年 6 月 23 日,美国顾问工程师协会(AICE)制定了美国历史上第一部工程伦理规范。随后,各个工程社团纷纷建立了自己的伦理规范。经过 100 多年的发展,美国的工程伦理规范不断修订和完善。美国职业工程师家学会的工程伦理准则包含三个部分:基本准则、实施细则和专业职责。

基本准则共有六项,要求工程师在从事职业时,将公众的安全、健康和福祉视为最重要的职责;仅在自己擅长的领域提供服务;公开发表声明时必须客观和诚实;以忠诚的代理人或被委托人的身份代表雇主或客户,尽职尽责;不得使用欺骗手段获取专业工作;为人处世要诚实、负责、合乎伦理并遵守法律,以提升所从事职业的声誉和荣誉。

专业职责分为九大块,共包含 38 项细则。主要内容包括:工程师应以诚实和正直作为一切关系的最高准则;工程师应始终为服务公众利益而努力;工程师应避免任何欺骗公众的行为;未经过去或现在的客户或雇主同意,工程师不得泄露涉密信息;工程师不得因利益冲突而影响其专业职责;工程师不得通过不实的评论或其他不正当手段来获取聘用或升迁;工程师不得恶意或虚伪地损害其他工程师的专业声誉、前途、业务或工作;受雇于政府、工业或教育单位的工程师有权审查、评估其他工程师的工作;工程师应尽最大努力让那些负责设计、发明、撰写或有其他贡献的个人得到认可。

① 丛杭青.工程伦理学的现状和展望[J].华中科技大学学报(社会科学版),2006(6):76—77.

美国职业工程师国家学会的工程伦理准则详细规定了保护和服务社会大众、为工程共同体提供行为指导、作为工程共同体的通用准则、规定工程师的职业操守、对工程共同体进行伦理教育、防止工程腐败以及提升工程共同体的专业形象等方面。然而，该准则并未包含对工程共同体的激励条款，也缺乏对自然环境的保护和对企业的要求。

（二）日本工程职业伦理规范

日本土木技术者守则包括基本认识和实施纲要两个部分①。

（1）基本认识：土木技术从古至今守护人们的安全，通过建设、维护和管理社会资源等方式丰富人们的生活。土木技术的发展支撑现代文明，提升人类的生活水平。然而，随着技术的扩大和多样化，对自然和社会的影响也越来越大，变得更加复杂。土木技术者需要深入了解事实，并在运用技术时坚持自律态度。他们有责任确保未来世代的生活条件，创造和保护一个让自然和人类共生的环境，这是他们的光荣使命。

（2）实施纲要：实施纲要共包括 15 项，其中与对社会的责任有 4 项，对雇主的责任有 2 项，对自然环境的责任有 2 项（其中 1 项与对社会的责任共用），对同事的责任有 2 项，对自身专业的责任有 6 项。与美国职业工程师国家学会的工程伦理准则相比，日本土木技术者守则更加宏观，涵盖了社会、自然、文化和未来等方面的内容较多，而对于特定群体的内容较少，细则方面较为抽象。该守则约束力较美国职业工程师国家学会的工程伦理准则更为抽象，实施纲要涵盖了社会、公众、专业、同事、雇主、客户以及自然环境等方面。守则首先强调了土木技术者的使命感，即守护人类安全、支持现代文明发展、创造自然与人类和谐环境。接下来，实施纲要的第 1、2 条规定了土木技术者应以人类的持续发展为目标，提升专业能力，为社会做出贡献。后面的条款则详细规定了土木技术者在技术、专业、态度和行为等方面的要求。与美国职业工程师国家学会的工程伦理准则相比，日本土木技术者守则没有对工程共同体的激励和阻止工程腐败的条款，也没有涵盖对企业的要求。

（三）德国工程职业伦理规范

德国工程师协会成立于 1856 年，是欧洲最大的工程师协会之一。1866 年，德国首次设立了技术监督委员会。1891 年，德国工程师协会开始关注并提供对工程师在面临价值冲突等问题时的支持。1950 年，工程师伦理守则的前身《工程师的声明》诞生。随着德国工程技术伦理研究的深入，德国工程师协会于 2002 年制定并开始实施了《工程职业的伦理守则》。

该守则强调科学和技术是构建当代与未来生活和社会的重要因素，并认为作为科学技术主体的工程师们对此负有特殊的责任。它明确了工程师应该对其职业行为及其后果以及基于专业知识所承担的特殊义务负责。尤其强调了工程师应该尊重所在国家的法律，前提是这些法律不违反普遍的道德原则。换句话说，普遍的道德原则高于具体的法律和其他原则或规则。守则还要求工程师对其专业领域的法律法规行使建议或批评的责

---

① 李文利，柴文革.论土木工程师的工程伦理责任[J].北京城市学院学报，2007(4)：86—90，100.

任。此外，工程师还必须对技术规范本身负责，包括质量、安全和可靠性等，并且有责任向消费者和公众正确地说明产品的技术特性、可能的风险以及正确的使用方法等。

守则还特别提到了工程师协会承担的两个任务：一是守则提出的伦理原则是工程师技术活动所依据的指南，并在遇到责任冲突时为工程师提供必要的支持；二是规定德国工程师协会必须对工程师进行教育和咨询，通过传授知识对工程师的行为提出规范要求，并保护工程技术人员在面临技术责任冲突时的权益。

对比美国、日本、德国等国工程职业伦理规范，虽然由于国情、经济制度、组织性质和工程伦理问题的差异，但这些工程伦理规范都明确指出工程共同体应当具备共同的价值观、态度以及行为规范。这些规范都涉及工程师的行为规范、职业操守以及对工程共同体的伦理教育，可以作为我国工程师职业道德教育的参考。

二、中国工程师职业伦理存在的问题

作为一个工程大国，我国的工程师职业伦理发展面临一些问题。在工程实践中，建设单位、设计单位、施工单位、监理单位等多个主体的责任分工不够清晰，边界不够明确，给工程管理、质量控制和工程安全等方面带来了挑战。此外，缺乏统一的工程师职业伦理规范，不同行业、不同地区的工程师可能存在不同的职业道德标准和行为准则，导致职业伦理建设缺乏一致性和规范性。同时，工程伦理学学科体系不够完善，缺乏具体可操作性的实行细则，使得工程职业伦理规范在实际职业活动中的执行力稍弱。

（一）工程职业化进程缓慢

工程伦理规范是依赖于经济发展的上层建筑，而市场化水平作为职业外部的经济因素，对职业发展的外部环境以及工程职业社团和工程职业自身的发展产生影响。可以说，市场化是职业化的前提和基础。我国工程伦理规范发展缓慢的第一个原因是我国的市场化水平较低，市场机制的作用较弱，职业社团自身发展不完善，整个工程职业化进程缓慢。

通过研究美国工程伦理规范的发展历史可以发现，工程职业是随着工业革命的出现而兴起的。工业革命使得社会分工更加细化和专业化，新的职业群体——工程师逐渐出现在人们的视野中。在美国独立之后，市场化程度相对较高，为职业的充分发展创造了良好的条件。不仅形成了许多自治的工程职业社团，还建立了较为健全的职业技术标准和职业伦理规范。

与美国相比，我国工程职业的产生有着不自觉的成分。在洋务运动时期，留美的儿童回国后参与了工程建设，成为我国第一批工程师。新中国成立后，由于特殊的国情，我国经济十分落后，物质资源匮乏，生产力水平不高，采取了计划经济体制。同时，受政治因素的影响，工程师要求具备较高的政治觉悟来参与社会主义建设事业，市场的作用相对较小。直到改革开放以后，我国逐渐转向社会主义市场经济，市场机制的作用逐步扩大。然而，由于计划经济体制的惯性以及政府改革的相对迟缓，政府作为有形的手在许多市场经济行为中发挥着重要作用，这导致了市场作为无形的调控之手在许多方面受到限制，从而延缓了我国工程职业化的进程，使得我国的工程伦理规范没有跟上工程职业的发展。

（二）工程职业社团发展不够健全

我国工程伦理规范发展缓慢的第二个原因是工程职业社团的发展不够健全。与美国工程职业社团相比，美国大多数社团认为自身肩负着促进职业伦理的重任，并且努力探索如何制定、执行和完善自己的规范，以引导工程师的职业行为，使工程师的职业获得更大的发展，从而造福于公众。

我国工程职业社团在伦理规范发展和工程职业发展过程中并未成为一个很好的组织基础，最根本的原因就是自身发展较少，缺乏自治。虽然近年来政府管理模式转变使得我国目前的工程职业社团在权利、经费和活动方面已经获得了较大的独立性，但这种行政体制改革还不彻底、不完善。与美国工程职业社团的发展相比，我国工程职业社团的发展还远远不够，缺乏生机和活力。

职业社团在我国具有较浓厚的官方行政色彩，相当一部分社团是通过自上而下的形式建立和发展起来的。它们或者由各级党政机关直接创办，或者本身就是由党政机关转变而来，或是特定企业的附属。无论是组织、职能、活动方式还是管理体制，它们都严重依赖于政府和特定企业。这些情况导致我国工程职业社团缺乏治理机制，自觉的职业意识较差，没有意识到自身应该承担的伦理责任，也没有意识到工程伦理规范对于社团的重要性。缺乏独立性、发展动力不足和缺乏明确的理念和使命使得我国工程社团无法实现职业自治，无法发挥应有的作用，也无法建立一部成文的伦理规范。

（三）工程师职业伦理意识薄弱

我国工程伦理规范发展滞后的第三个原因是我国工程师职业伦理意识较为薄弱。改革开放以来，我国工程建设迅速发展，但职业伦理规范的发展并不同步。一些工程师对职业伦理的重要性和道德规范的遵守认识不足，缺乏深入思考和自我约束的意识。我国工程师的职业伦理意识在新中国成立后发展缓慢，职业伦理意识分散且不自觉，缺乏对重要伦理责任的重视，滞后于美国等西方国家的伦理共识。

在我国的工程行业，竞争激烈，职业发展压力大。一些工程师可能为了个人利益和职业发展而忽视职业伦理，甚至违背道德规范。我国社会文化中普遍存在功利主义的价值取向，追求效益和利益最大化的观念较为突出，不断考验工程师的道德底线。工程行业的监管机制和规范体系相对薄弱，对违反职业伦理的行为缺乏有效的惩处措施，导致"豆腐渣工程"、伪劣产品、权钱交易的工程腐败时有发生。工程教育对职业伦理的教育重视程度相对较低，缺乏系统性和深入性的伦理教育，即使出现一些优秀的工程师事迹，也很难从根本上激发其他工程师学习的热情。

三、对建设我国工程师职业伦理体系的启示

国际工程伦理章程和跨文化规范发展历程，强调了工程师的专业责任、人权尊重、公共利益和职业发展等方面的要求，为建设我国工程师职业伦理体系提供了重要的启示。我国工程师可以从中汲取经验，不断提升自身的职业道德和职业素养，为我国的工程实践

做出更大的贡献。

（一）推进工程职业化进程，促进工程职业自治

马丁与辛津格合著的《工程伦理学》一书指出，职业化的工程师应当具备三个方面的内容。首先，他们需要具备高深的专业知识，这意味着他们需要拥有高度专业化的知识和技能。其次，他们还需要具备自我管理的能力，这意味着他们需要能够自我约束和管理自己的行为。最后，他们还需要关注公共善，这意味着他们需要通过努力维持较高的伦理标准，承担更大的社会责任。

随着我国社会的进步和工程的发展，工程职业化是不可避免的趋势。加快我国工程职业化进程是解决当前工程问题的必要途径。然而，目前我国的工程师群体中，仍有一部分工程师不认同或抵制工程伦理规范。他们可能认为工程师已经受到各种限制，不愿接受更多的规范。为此，工程职业组织需要增强自身的独立性，制定符合工程职业特点和实践情况的伦理规范，将伦理规范从虚设变为工程师个体职业的需求。

（二）顺应全球化趋势，建构本土化伦理规范体系

全球化是一个不可逆转的趋势，它推动了经济、文化、科技等多领域的国际交流与合作。在这个过程中，各国都面临着如何在国际舞台上保持自身特色，同时又能与全球价值观接轨的挑战。对于中国来说，顺应全球化趋势的同时，构建本土化的工程伦理规范体系对于确保工程项目的可持续发展、社会责任和技术创新具有重要意义。中国有着悠久的历史和深厚的文化底蕴，其中包括一系列伦理道德规范，我国的工程伦理规范应当传承这些传统伦理，反映我国文化背景和价值观。同时根据现代社会的需求进行创造性改造和创新性发展，使之更具时代性和普适性。在全球化背景下，不同文化和价值体系之间的交流变得日益频繁，积极参与国际工程伦理标准的制定和交流，同时也将中国的实践和成果分享给国际社会，促进全球工程伦理的发展。

（三）加强工程伦理教育，提升职业伦理意识

工程伦理教育是培养工程师职业伦理意识和伦理规范意识的重要途径和手段。工程师的伦理意识不是与生俱来的，更多依赖于后天的培养。通过工程伦理教育，一方面要培养工程师形成自觉的工程伦理意识，它是工程师职业行为的思想基础；另一方面要培养工程师掌握并理解工程伦理规范，它是工程师进行伦理判断的标准、职业活动的指南。提升工程师职业伦理意识，可以采取以下措施：

一是加强教育和培训。在工程师的教育和培训过程中，应注重培养职业伦理意识。在美国，工程伦理成为工程师执业考试的必考内容，美国的理工科院校建立了较为完备的课程内容和课程体系，广泛而深入的工程伦理教育促使了美国工程师职业伦理意识的提高，使工程师在职业发展的早期就树立正确的伦理观念。

二是完善职业伦理规范。在国家层面制定和完善工程师职业伦理规范，明确工程师应遵守的行为准则和职业道德要求。这些规范可以包括对公共利益、环境保护、知识产权、诚信和责任等方面的要求，为工程师提供明确的指导。

三是提供良好的职业发展环境：为工程师提供良好的职业发展环境和机会，激励工程师在职业道德方面的表现。例如，通过评选优秀工程师、设立职业道德奖励等方式，鼓励工程师积极践行职业伦理。借鉴其他国家或地区的经验和做法，通过行业组织和专业协会的活动，促进工程师之间的交流和合作，共同提升工程师职业伦理意识，并加强行业的自律和规范。

（四）健全相关工程法律法规，规范工程师行为

工程伦理规范作为一种软性的道德指标，应当与工程法律规范作为硬性的法律要求相辅相成、相互补充，共同推动工程职业的发展。工程伦理规范是在道德层面上制定的规范，依靠工程师的伦理自觉来践行工程师的伦理责任，没有强制力和威慑力。例如，美国ASME协会在1914年颁布了一部锅炉及压力容器规范，这部规范在减少锅炉爆炸事故方面发挥了重要作用，美国政府对ASME锅炉规范给予了高度评价，认为ASME规范在保障安全方面超过了其他标准。然而，仅仅依靠道德力量是不够的，必须借助法律的制裁来规范工程师的职业行为，将德治和法治结合起来。

我国目前有许多种类繁多的工程法律法规，包括法律、行政法规、部门规章、地方性法规、国家和行业标准规范以及地方技术标准规范。工程法律法规的发展非常迅速，法律体系也在不断完善，但仍存在一些缺陷：有些规定不完善，不能涵盖工程建设的各个阶段；不同法律之间存在冲突；法律条文本身存在缺陷和歧义等。例如，我国《刑法》第137条规定了对违反国家规定、降低工程质量标准、造成重大安全事故的建设单位、设计单位、施工单位和工程监理单位的处罚，但法律对于"降低工程质量"的定义并不明确。另外，我国《建筑法》中规定了对工程监理单位与建设单位或建筑施工企业串通、弄虚作假、降低工程质量的处罚，但该法对于工程质量法律责任的规定与《刑法》存在冲突。因此，需要加快完善我国的工程法律法规体系，明确规定工程师的法律责任，以引导和强化工程师的伦理责任意识和道德义务。

第三节　走出去的中国工程师跨文化规范

"一带一路"倡议为中国工程在规模和深度上提供了历史机遇和时代动力，中国工程正在进入"走出去的新常态"。中国海外投资工程项目在"一带一路"背景下得到了极大的发展，有效促进了中国与东道国在多个项目上的合作与共赢。然而，实践证明，中国工程项目走出去既有机遇，也面临挑战。如何抓住走出去的机遇，同时尽可能避免工程风险，减少不应有的损失，是中国工程在走出国门的过程中必须不断学习的重要课题。

一、中国工程"走出去"的现实挑战

中国工程在走出去的过程中,会面临各种风险,涉及政治、经济、社会和法律等多个领域。近年来,在"一带一路"推进过程中,中国海外投资工程项目,尤其是大型投资工程项目失败案件频发,中国工程企业和工程师们遇到的工程伦理风险问题成了工程领域的重点问题。

(一)政治风险

涉外工程的政治风险是指在国际工程承包和投资活动中,由于涉及不同国家的政治因素而带来的不确定性和风险。在国际商业活动中,涉外工程的政治风险主要包括:

(1)政局不稳定:因为一些国家政治不稳定,政权更替频繁,使得该国的基础设施建设和投资环境政策措施朝令夕改,存在许多不确定因素。

(2)治安状况恶化:一些国家因政局不稳定,治安状况堪忧,导致很多中资企业员工在工程所在地遭武装绑架甚至杀害。

(3)土地权属问题:涉外工程一般都会涉及土地使用或占用等问题,这样一来就可能面临工程用地被当地政府征用或强占,不能获得法律保护以及土地权属出现争议等情况。

(4)贿赂和腐败问题:一些国家和地区可能存在严重的贿赂和腐败问题,这可能会增加外国公司在当地经营的成本,并且可能会使涉外工程公司面临相应的法律问题。

因此,涉外工程公司必须谨慎分析和管理涉外工程的政治风险,以避免不必要的损失,同时保障涉外工程公司和项目的安全和稳定。在实践过程中,可以通过建立系统化的监管程序、完善的风险管理和控制模式等手段,规避涉外工程的潜在风险。例如,对于"一带一路"倡议涉及的沿线多个国家和地区,由于每个国家之间的社会形态、国家的发展道路和模式、意识形态、内部政治格局都存在差异,涉外工程公司应该充分了解和研究当地的政治环境,以更好地预测和应对可能出现的政治风险。例如,2018年8月,由于我国与马来西亚政府之间的政治分歧,马来西亚政府决定取消国内的中国"一带一路"建设的投资项目,这导致中国贷款支持的价值超过200亿美元的投资项目无法实施。因此,涉外工程公司应该及时了解并应对政治风险,以保护自身利益和项目安全。

(二)经济风险

涉外工程的经济风险是指由工程所在国各种经济因素所引起的相关风险。一般涉及以下几个方面:

(1)汇率风险:涉外工程的投资大都是跨国性的,因此汇率波动对项目的财务状况和经济效益有很大的影响。如果本国货币汇率升值,企业在海外投资或经营的成本将增加,可能导致涉外工程项目的投资收益下降。

(2)市场风险:涉外工程项目的市场需求和竞争压力会对企业的盈利能力产生重要影响。例如,中国涉外工程在欧盟国家的重要项目之一,中海外波兰项目,由于报价低于波兰政府预算一半,引来了低价倾销的指责。此外,波兰投资机构未按时向波兰分包商支付贷款,导致工程停工,并要求中海外支付赔偿和罚款。

（3）税收风险：不同国家和地区具有各自的税收政策和法规,企业在涉外工程项目中需要了解并遵循不同地区的税收政策和法规。如果企业未能完全掌握所在国家的税务环境,可能会导致严重的税务问题。

（4）通货膨胀和通货紧缩风险：不同国家和地区的通货膨胀水平和通货紧缩程度不同,企业在涉外工程项目中可能会面临货币价值下降和持续通货膨胀的问题。

（5）经济和贸易保护壁垒：有些国家为了自身经济利益,提高对外国投资和工程项目的门槛和条件,导致外国相关公司利益受损。

（三）社会风险

涉外工程的社会风险是指在开展涉外工程时,由于对当地社会文化和风俗的不尊重或者对社会责任的不履行而产生的风险：

（1）对当地环境造成破坏：建设涉外工程往往需要运用大量资源和能源,如果没有有效的环境管理保护措施,很容易造成当地生态环境的破坏,从而引发当地民众的不满和抵制。从"一带一路"工程项目建设过程中的具体案例来看,对于波兰"A2 高速"项目中,招标文件明确 C 标段桥梁设计中带有大型或中型动物的通道,而由于对相关国际性的环境法律还不够了解,中国投资方对此并没有引起足够的重视,最终造成了施工中对工程沿线珍稀蛙类造成伤害,影响到波兰海域生态环境的平衡,也致使中方投资者不得不担负超出预计费用 150％的环保费用,整个工程项目也为此停工两周。

（2）对当地文化冲击：涉外工程进入当地社会,很容易对当地文化产生冲击,给当地社会带来文化侵蚀和文化认同问题。企业需要尊重当地实际情况,结合当地文化特点,开展针对性的社会文化活动,提升企业社会责任意识。

（3）劳资纠纷：涉外工程需要雇佣当地劳工,可能引发劳资矛盾。涉外工程项目必须严格遵守当地就业法规,以保障当地工人的权益,未给予合理的劳动报酬,涉外工程公司可能会面临当地工人和社会公众的谴责和抵制。

（4）人员伤亡和安全事故：当涉外工程中存在安全问题时会引发当地政府和社会的关注,对于没有为当地工人提供安全保护措施的企业,可能会面临高额赔偿或其他处罚。

（四）法律风险

涉外工程的法律风险是指在涉外工程项目中存在各种法律问题。不同国家和地区存在不同的法律法规,对于涉外工程的企业要对当地的法律法规有充分的了解,否则可能会面临企业被罚款、被吊销业务资格和合同无效等风险。

（1）合同法律风险：涉外工程建设过程中合同是重要的约束手段,如果合同管理出现问题,将会给企业带来诸多的困扰,例如违反承诺可能导致违约金及诉讼等。

（2）知识产权风险：如涉外工程公司未遵守当地的知识产权法律法规,侵犯他人的知识产权,就会引起当地知识产权主管部门的关注,面对高额的赔偿及罚款。

（3）商业秘密风险：涉外工程中秘密信息泄漏会导致商业受到损失,如项目信息泄漏、商业秘密泄漏。

（4）人力资源管理风险：不同国家和地区的劳动法规不尽相同，涉外工程企业要遵守当地的劳动法规，不合法的用工模式可能带来的人力资源风险。

对于涉外工程企业来说，建立健全的法律合规体系，充分了解和遵守当地法律法规，强化对知识产权和商业秘密的保护措施以及建立透明、透彻的合同管理制度，是减少法律风险的重要措施，并且还要做好合规服务，及时参与相应的诉讼和仲裁程序，保证合法权益。走出去的工程企业进一步增强风险意识、困难意识，在全面调研的同时聘请国际国内法律中介机构进行全方位的可行性研究，一旦投资失败，会付出巨大代价。

案例：因中印边境对峙中资机构在印营商环境恶化

印度执法局 2023 年 6 月 9 日发文称小米涉嫌违反该国《外汇管理法》。出于该指控，印度当局扣押了小米共 555.1 亿卢比资金（约 6.8 亿美元），现价近 50 亿元人民币。数据显示，小米集团 2022 年经调整净利润为人民币 85 亿元，这笔资金相当于小米去年净利润的 57%。据不完全统计，截至 2020 年初，在印度正式注册的中资企业超过 500 家。近年来由于中印边境对峙，印度国内反华情绪高涨，中资企业在印营商环境急剧恶化。2021 年年底以来，印度政府部门连续以逃税、做假账以及违反外汇管理法为由，突击搜查小米印度公司，扣押该公司巨额资产。其他手机厂商也遭遇了类似经历。2022 年 2 月，印度税务局曾搜查华为在印的多个办公场所，指控华为涉嫌通过虚增成本、压低收入、调整会计规则等方式避税，以及在特许使用权费用上可能存在漏洞。2022 年 7 月，印度执法局以涉嫌违反印度《防止洗钱法案》为由，突击搜查了 VIVO 印度公司，随后宣布冻结与 VIVO 印度公司相关的 119 个银行账户，涉及资产价值达 46.5 亿卢比（约合人民币 3.9 亿元）；同月，印度税收情报局宣称，OPPO 逃避关税近 439 亿卢比（约合人民币 37 亿元）。

二、走出去的中国工程师职业伦理规范

中国工程"走出去"已经成为"一带一路"倡议的实际行动。"走出去"既是一种工程活动，也是一种经济活动，更是一种文化活动，必然要与东道国以及国际社会发生关系。在中西文化互鉴中坚守"人类共同价值"理念，传承中国传统的义利相兼、和而不同、务实有为、诚朴尽责的价值观，并赋予其在跨文化工程实践中的现代性意涵。

（一）义利相兼

"义利相兼，以义为先"，既是中国传统义利观的优秀内容，也是"中国致力于打造人类命运共同体的具体体现"，更是共建"一带一路"国家能够相互尊重、平等相待、合作共赢、共同发展的平等交往的前提。"义利相兼"原则指导下的中国工程跨文化实践，要求"走出去"的中国工程企业和工程师们须顺应和平、发展、合作、共赢的时代潮流，秉承共商、共享、共建原则，义利兼顾，既要追求一定的经济利益，达到持续发展的目的，更要以自身技

术、资本、经营、管理和人力资源优势支持东道国各项基础设施建设,改善其民生和经济社会环境。

(二)和而不同

中国传统文化中的"和而不同"思想,对于解决工程跨文化实践中出现的不同文明与文化之间的矛盾和冲突、实现多元文化和平共存具有重要的指导意义。"一带一路"为中国工程的"走出去"谋划了开放创新、包容互惠的发展前景,"和而不同"意味着多元、共存,在多样性意义上的平等共处。中国工程的跨文化实践只有尊重文明生成的多样性,包容文化发展的差异性,才能与东道国、项目参与方以及沿线各国在工程活动中相互协调,在设计方案选择和技术革新方面相互补充,在经营理念和管理文化上相互融合,从而实现工程与人、自然、社会、文化共存共荣的圆融和谐。

(三)务实有为

务实有为是中华传统伦理文化的精神品格,更为中国工程跨文化实践和发展提供了强大的精神动力。从根本上说,中国技术、中国产品、中国标准、中国服务能否"走出去"的价值标准在于它的实用性——是否能切实带给共建"一带一路"国家更多的民生福利,是否有利于沿线地区的经济发展与社会繁荣。"走出去"的中国工程企业和工程师们是"一带一路"倡议的具体施行者,量力而行,循序渐进,把握时机,做出适于时代与国家需要的判断和选择。务实有为是中国工程"讲好中国故事"的唯一方法,更是通过"一带一路"建设树立中国话语权,构建沿线各国相互联系、相互依存之命运共同体的唯一路径。

(四)诚朴尽责

诚朴尽责是中国传统文化的又一优秀品格,是传统伦理文化对当前中国工程跨文化实践的有益补充,可为当前中国工程跨文化实践提供弥合文化差异、获得当地民众认同、"走出去"更能"走进去"的理念先导。"'一带一路'是迄今为止中国在世界上最全面、最有力的一次亮相,它是对中国政治、经济、社会发展的新建构、新考验,也是对中国新文化的建构和考验,更是中国精神、中国形象的一次新的打造和考验。"以诚信为本,开诚布公地交流互通,"走出去"的中国工程企业解除社会文化风险、减少伦理冲突的一个前提。"走出去"的工程企业和工程师们应务本求实,尊重当地的文化、风俗、宗教信仰与民生愿望,避免商业操作的急功近利和项目运作的工具理性思维所带来的工程、企业与当地文化、社会及自然的冲突,致力于与当地民生共享技术创新的成果,满足当地民众的生活需求。

三、中国工程师跨文化伦理实践

在哈里斯、普理查德和雷宾斯合著的《工程伦理概念和案例》一书中,作者提出了国际工程职业实践的 9 条"超文化规范":避免剥削、避免家长主义、避免贿赂和赠礼或收受厚礼、避免侵犯人权、促进东道国的福祉、尊重东道国的文化规范和法律、保护东道国公民的健康和安全、保护东道国的环境、促进合理的社会背景制度。结合这九条超文化伦理规范,走出去的中国工程企业和工程师们要做到:

(一)提高工程企业的跨文化竞争力

对于走出国门的中国企业来说,要想在外国立足并开拓海外市场,并在国际经营中实现可持续发展,仅仅追求利润等硬实力是远远不够的。还必须考虑如何克服文化障碍,提高企业的跨文化伦理竞争力等软实力。

首先,企业应注重当地的生态保护。在推进工程项目的同时,要平衡企业的发展与当地环境的保护,促进工程与当地社会和自然环境的可持续协调发展。例如,中国在巴基斯坦援建的议会大厦光伏发电项目体现了绿色、节能、环保和可持续发展的理念,成为中巴经济走廊的一个示范工程。因此,在"一带一路"工程项目的建设过程中,应借鉴这些成功的案例,遵循工程伦理准则,坚持节能环保的理念,用实际行动践行"让天更蓝、山更绿、水更清,让生活更美好"的使命。

其次,企业必须主动承担起相应的社会责任。走出国门的中国工程企业不能仅仅追求利润,而是要超越功利性理念,承担起对东道国消费者、当地社会和民众的责任。

另外,企业要遵守东道国的法律、制度和规范,以及国际通行的游戏规则。重视合同内容,合理设置合同条款来保护自身权益,承担起企业的社会责任,并展现大国企业的道义精神。

(二)提高工程师的跨文化伦理智慧

对于走出国门的工程师来说,他们在应用超文化伦理规范的过程中,不能简单地、机械地应用道德准则。他们必须在不与超文化伦理规范发生冲突的情况下,利用中国文化的自信和伦理智慧来扩展"超文化规范"的内容,以规避在工程职业跨文化实践中可能出现的经济、法律、社会、文化等伦理风险。具体要求如下:

(1)尊重、理解当地的政治及民俗文化。走出国门的工程师需要具备国际化的视野和责任心,尊重当地社会文化心理和习惯,了解当地文化的特点和特殊性,找到与当地政府和民众交流沟通的最佳方式,提高当地民众对工程的认知和满意度,增进与当地居民之间的情感和文化交流。

(2)遵守本国法律法规、当地法律法规以及国际规范和惯例。在应对具体问题或解决矛盾纠纷时,工程师需要摆脱传统中国思维的"情、理、法"模式,首先要深入了解当地的法律、法规和相关政策,争取与矛盾的相关方通过协商达成共识;然后将法律的原则与道理相结合,通过利益互惠将工程的利益共同体转变为命运共同体。

(3)遵守国际上通行的工程技术标准。在尊重当地已有的工程技术政策和规范的基础上,工程师可以对一些标准进行创新,以在环保、普惠和可持续发展方面引领当地。

(4)分享技术和工程产品,分享"中国制造"带来的利益。走出国门的中国工程师应更加积极地在产品设计和研发中开拓创新,精益求精,在技术创新和企业经营上打破地理边界,提高工程产品和企业的核心竞争力。

复习思考题

1.职业工程社团如何帮助遵循工程伦理规范的工程师?

2.我国工程伦理事业亟待解决的问题有哪些?

3.超文化规范基本内容有哪些?

4.我国企业在走出去过程中如何应用超文化规范?

案例分析题

科伦坡港口城所基于的国家是斯里兰卡,这一国际性的工程项目于 2014 年 9 月开始启动进行规划、建设。虽然科伦坡港口城这一工程项目能够给斯里兰卡政府及其二级投资开发商带来众多的就业机会,极大促进当地经济发展,但是,寄予厚望的这一项目在 2015 年 3 月 5 日被斯里兰卡单方面叫停了。斯里兰卡的投资促进部领导人卡比尔·哈什姆声称,他们接到了一些有根据的指控,其内容是前政府在这一工程的规划与决策过程中存在着违反法律和危害环境的问题,即科伦坡港口城存在着忽视环境等工程伦理问题而建设工程的情况。

根据这一案例,请你谈谈中国工程企业和工程师们在走出去的过程中要注意的工程伦理规范。

参考文献

[1] 伊曼努尔·康德.道德形而上学原理[M].苗力田,译.上海:上海人民出版社,1986.

[2] 爱弥尔·涂尔干.道德教育[M].陈金光,等,译.上海:上海人民出版社,2006.

[3] 肖小芳.道德与法律[M].北京:光明日报出版社,2011.

[4] 廖申白.伦理学概论[M].北京:北京师范大学出版社,2009.

[5] 王海明.伦理学原理[M].北京:北京大学出版社,2009.

[6] 李正风,丛杭青,王前.工程伦理[M].北京:清华大学出版社,2016.

[7] 闫坤如,龙翔.工程伦理学[M].广州:华南理工大学出版社,2016.

[8] 潘建红.现代科技与伦理互动论[M].北京:人民出版社,2015.

[9] 张永强,姚立根.工程伦理学[M].北京:高等教育出版社,2014.

[10] 张恒力.工程师伦理问题研究[M].北京:中国社会科学出版社,2013.

[11] 林崇德.21世纪学生发展核心素养研究[M].北京:北京师范大学出版社,2016.

[12] 李伯聪.工程哲学和工程研究之路[M].北京:科学出版社,2013.

[13] 李伯聪.工程社会学导论:工程共同体研究[M].杭州:浙江大学出版社,2010.

[14] 李伯聪,等.工程创新:突破壁垒和躲避陷阱[M].杭州:浙江大学出版社,2010.

[15] 肖平.工程伦理导论[M].北京:北京大学出版社,2009.

[16] 李世新.工程伦理学概论[M].北京:中国社会科学出版社,2008.

[17] 查尔斯·E.哈里斯,迈克尔·S.普里查德,迈克尔·J.雷宾斯.工程伦理概念和案例(第3版)[M].丛杭青,沈琪,等,译.北京:北京理工大学出版社,2006.

[18] 迈克尔·戴维斯.像工程师那样思考[M].丛杭青,沈琪,等,译.杭州:浙江大学出版社,2012.

[19] 马歇尔·布莱恩.工程学之书[M].高爽,李淳,译.重庆:重庆大学出版社,2017.

[20] 阿拉斯代尔·麦金太尔.伦理学简史[M].龚群,译.北京:商务印书馆,2003.

[21] 阿拉斯代尔·麦金太尔.追寻美德[M].宋继杰,译.南京:译林出版社,2003.

[22] 卡尔·米切姆.通过技术思考——工程与哲学之间的道路[M].陈凡,朱春艳,等,译.沈阳:辽宁人民出版社,2008.

[23] 迈克·W·马丁,罗兰·辛津格.工程伦理学[M].李世新,译.北京:首都师范大学出版社,2010.

[24] 肖平.理工科高校职业道德教育研究[M].成都:西南交通大学出版社,2011.

[25] 柳建营.职业道德教程[M].北京:警官教育出版社,1997.

[26] 迈克·W.马丁,罗兰·辛津格.工程伦理学[M].北京:首都师范大学出版

社，2010.

[27] 汉斯·约纳斯. 技术、医学与伦理学 责任原理的实践［M］. 上海：上海译文出版社，2008.

[28] 布兰查德. 工程组织与管理.［M］. 李树用，方仲和，译. 北京：机械工业出版社，1985.

[29] 路易斯·R. 戈梅斯-梅西亚，戴维·B. 鲍尔金，罗伯特·L. 卡迪，等. 人力资源管理［M］. 北京：北京大学出版社，2011.

[30] 彼得·S. 温茨. 现代环境伦理［M］. 宋玉波，朱丹琼，译. 上海：上海人民出版社，2007.

[31] 杨通进，高予远. 现代文明的生态转向［M］. 重庆：重庆出版社，2007.

[32] 罗德里克·弗雷泽·纳什著. 大自然的权利［M］. 杨通进，译. 青岛：青岛出版社，2005.

[33] 奥尔多·利奥波德. 沙乡年鉴.［M］. 侯文蕙，译. 长春：吉林人民出版社，1997.

[34] 霍尔姆斯·罗尔斯顿. 环境伦理学 大自然的价值以及人对大自然的义务［M］. 北京：中国社会科学出版社，2000.

[35] P. Aarne Vesilind，Alastair S. Gunn. 工程、伦理与环境［M］. 吴晓东，翁端，译. 北京：清华大学出版社，2003.

[36] 教育部高教司. 新工科建设指南（"北京指南"）［J］. 高等工程教育研究，2017(4)：20-21.

[37] 教育部高教司. "新工科"建设行动路线（"天大行动"）［J］. 高等工程教育研究，2017(2)：24-25.

[38] 钟登华. 新工科建设的内涵与行动［J］. 高等工程教育研究，2017(3)：1-6.

[39] 林健. 新工科建设：强势打造"卓越计划"升级版［J］. 高等工程教育研究，2017(3)：7-14.

[40] 林健. 新工科人才培养质量通用标准研制［J］. 高等工程教育研究，2020(3)：5-16.

[41] 王世斌，顾雨竹，郤海霞. 面向 2035 的新工科人才核心素养结构研究［J］. 高等工程教育研究. 2020(4)：54-60,82.

[42] 李伯聪. 微观、中观和宏观工程伦理问题——五谈工程伦理学［J］. 伦理学研究，2010(4)：25-31.

[43] 王进，彭好琪. 工程伦理教育的中国本土化诉求［J］. 现代大学教育，2018(4)：85-93.

[44] 褚宏启. 核心素养的概念与本质［J］. 华东师范大学学报（教育科学版），2016(1)：1-3.

[45] 张华. 论核心素养的内涵［J］. 全球教育展望，2016(4)：10-24.

[46] 何菁，丛杭青. 中国工程伦理教育的实践创新探析［J］. 江苏高教，2017(6)：29-33.

[47] 王进，彭好琪. 如何唤醒工科学生对伦理问题的敏感性［J］. 高等工程教育研究，2017(2)：194-198.

[48] 陈万球,丁予聆.当代西方工程伦理教育的发展态势及启示[J].科学技术哲学研究, 2017,34(01):86-91.

[49] 陈万求,刘春晖.重大工程决策的伦理审视[J].伦理学研究,2014(05):94-97.

[50] 陈大柔,郭慧云,丛杭青.工程伦理教育的实践转向[J].自然辩证法研究,2012,28 (08):32-37.

[51] 刘燕,赵曙明,蒋丽.组织中的揭发行为:决策过程及多层次的理论框架[J]心理科学,2014(2):460-467.

[52] 王前.在理工科大学开展工程伦理教育的必要性和紧迫性[J].自然辩证法研究, 2011,27(10):110-111.

[53] 陈爱华.工程伦理教育的内容与方法[J].自然辩证法研究,2011,27(10):111-112.

[54] 李世新.国外工程伦理教育的模式和途径[J].自然辩证法研究,2011,27(10): 113-114.

[54] 杨怀中.作为素质教育的工程伦理教育[J].自然辩证法研究,2011,27(10):115-116.

[55] 王健.工程伦理教育与工程教育专业认证[J].自然辩证法研究,2011,27(10): 117-118.

[56] 闫坤如.工程伦理教育的评价[J].自然辩证法研究,2011,27(10):118-120.

[57] 赵云红.高校工程伦理教育的三种理性向度[J].自然辩证法研究,2011,27(10): 43-46.

[58] 龙翔 盛国荣.工程伦理教育的三大核心目标[J].高等工程教育研究,2011(4): 76-81.

[59] 何菁,刘英,范凯旋."一带一路"视野下中国工程伦理教育的价值更新与内容拓展 [J].昆明理工大学学报(社会科学版),2018(2):21-28.

[60] 赵敦华.道德哲学的应用伦理学转向[J].江海学刊,2002(4):44-49.

[61] 王泽应.应用伦理学的几个基础理论问题[J].理论探讨,2013(2):41-45.

[62] 甘绍平.论应用伦理学[J].哲学研究,2001(12):60-68.

[63] 丛杭青.工程伦理学的现状和展望[J].华中科技大学学报(社会科学版),2006,20 (4):76-81.

[64] 潘磊.工程伦理章程的性质与作用[J].自然辩证法研究,2007(7):40-43,59.

[65] 程新宇,程乐民.工程伦理中的职业社团与伦理章程建设研究[J].昆明理工大学学报(社会科学版),2013(6):6-12.

[66] 毛天虹.我国工程"职业化"研究——基于宏观工程伦理视角[J].自然辩证法研究, 2013(1):49-54.

[67] 张恒力,胡新和.当代西方工程伦理研究的态势与特征[J].哲学动态,2009(3): 52-56.

[68] 苏俊斌,曹南燕.中国注册工程师制度和工程社团章程的伦理意识考察[J].华中科技大学学报(社会科学版),2007(4):95-100.

［69］苏俊斌，曹南燕.中国工程师伦理意识的变迁——关于《中国工程师信条》1933—1996年修订的技术与社会考察［J］.自然辩证法通讯，2008(6)：14-19，110.

［70］张恒力.工程伦理规范的标准与方法——以巴伦西亚工业工程师协会伦理规范为例［J］.自然辩证法通讯，2010(2)：21-25，126.

［71］肖平，铁怀江.工程职业自治与工程伦理规范本土化思考［J］.西南民族大学学报(人文社会科学版)，2013(9)：71-75.

［72］张治忠.论当代中国绿色发展观的伦理意蕴［J］.伦理学研究，2014(4)：125.

［73］李世新.对几种工程伦理观的评析［J］.哲学动态，2004(3)：35-39.

［74］陈凡.从工程的自然属性谈工程师的环境伦理责任［J］.自然辩证法研究 2008(2)：69.

［75］陈万求.论工程师的环境伦理责任［J］.科学技术与辩证法，2006(5)：61 —62.

［76］陈万求.工程师社会责任的生态伦理学思考［J］.长沙理工大学学报(社会科学版)，2006(1)：31-34.

［77］李伯聪.工程共同体中的工人——"工程共同体"研究之一［J］.自然辩证法通讯，2005(02)：64-69＋111.

［78］李炼，尹紫薇.论我国工程伦理视角下的工程风险规避［J］.湖北科技学院学报，2013，33(1)：29-31.

［79］徐长福.工程问题的哲学意义［J］.自然辩证法研究，2003，(5)：34-38.

［80］时铭显.面向21世纪的美国工程教育改革［J］.中国大学教学，2002，(10)：38-40.

［81］张恒力，胡新和.福祉与责任——美国工程伦理学述评［J］.哲学动态，2007(8)：58-62.

［82］刘科.从工程学视角看伦理学——工程伦理学研究的新视角.武汉理工大学学报(社会科学版)，2007，20(4)：504-507.

［83］张松.国内工程伦理研究综述.湖南工程学院学报，2005，15(4)：87-89.

［84］陈万球，任彧婵.论重大工程决策中的知识民主［J］.长沙理工大学学报(社会科学版)，2017(3)：23—28.

［85］王进，彭好琪.如何唤醒工科学生对伦理问题的敏感性［J］.高等工程教育研究，2017(2)：194—198.

［86］张峰林，韦瑶瑶，谢天，等.基于价值视角的核工程决策伦理量化评价模型 ［J］.系统科学学报 ，2017(1)：86—89.

［87］欧阳聪权.责任伦理视角下的工程风险与防范［J］.昆明理工大学学报(社会科学版) ，2017(1)：41—45.

［88］马健，牛思琦，曲丹.欧美工程哲学研究对我国工程教育的启示［J］.沈阳建筑大学学报(社会科学版)，2017(1)：103—108.

［89］杨少龙.近15年来国内工程伦理教育研究综述［J］.昆明理工大学学报(社会科学班)，2017(1)：46—50.

[90] 顾永杰.三门峡工程的决策失误及苏联专家的影响[J].自然辩证法研究,2011(5):122—126.

[91] 左媚柳,赵修渝.三峡工程中突显出的环境伦理问题[J].西南大学学报(社会科学版),2008(4):78—81.

[92] 王柳婷."新工科"本科生核心素养及其培育研究[D].石家庄:河北科技大学,2020.

[93] 潘磊.工程职业中的利益冲突问题研究[D].杭州:浙江大学,2007.

[94] 仲伟佳.美国工程伦理的历史与启示[D].杭州:浙江大学,2007.

[95] 房正.中国工程师学会研究(1912—1950)[D].上海:复旦大学,2011.

[96] 李昊.工程师承担伦理责任的困境及对策研究[D].西安:陕西科技大学,2015.

[97] 刘小立.工程活动中的伦理责任问题研究[D].武汉:武汉理工大学,2014.

[98] 刘帅.工程共同体伦理责任研究[D].西安:西安建筑科技大学,2010.

[99] 曾柳桃.责任伦理视角下工程风险及其防范研究[D].昆明:昆明理工大学,2016.

[100] 杨枫.工程项目的风险管理研究[D].长春:吉林大学,2012.

[101] 王菊凤.工程项目的风险评价研究[D].成都:西南交通大学,2006.

[102] 吴绍利.工程项目风险识别与评价方法设计[D].成都:西南交通大学,2007.

[103] 孙杨工程风险的哲学分析——从荷兰学派的视域看[D].西安:西安建筑科技大学,2012.

[104] 王青青.工程风险及其伦理控制[D].重庆:重庆大学,2009.